絵でわかる
宇宙の誕生

An Illustrated Guide to the Birth of the Universe

福江 純 著
Jun Fukue

講談社

| ブックデザイン | 安田あたる |
| カバー・本文イラスト | 株式会社アート工房 |

はじめに

　「百聞は一見にしかず」と言うように、言葉や文章に比べ、絵は格段に大きな情報量をもっており、その説得力は非常に高いものです。さらに、白黒画像に比べ、カラー画像は情報量も説得力もより強くなります。とくに、宇宙の彼方や物質の内部など、直接に見ることができない世界を説明するためには、絵や画像は強力な助けになります。本書『絵でわかる宇宙の誕生』は、フルカラーの説明図や写真を援用して、宇宙の誕生から未来までを物語ろうとしたものです。

　本書の内容は大きく3つのパートに分かれています。第Ⅰ部「膨張宇宙像の確立」では、1章で宇宙観を概観し、天文学と宇宙論の歴史に少し触れた後、アインシュタインの一般相対論で可能となった現代的な宇宙論について、膨張宇宙観（2章）とビッグバン宇宙像（3章）を、それぞれ、理論と観測の両面から紹介しています。この第Ⅰ部は、一般向けの宇宙論の本では必ず取り扱われている基本的な内容で、本書のイントロダクションになります。

　第Ⅱ部「宇宙の誕生と進化」は、もう少し深く宇宙論へ踏み込んだパートで、本書を多少なりともユニークにしていると思います。4章では、宇宙のはじまりそのものについて考え、5章では、宇宙誕生直後に時空から物質や力が分離した事象を説明し、6章は初期宇宙の晴れ上がりや暗黒時代を物語ります。主に物理学者が扱う5章の範囲と、天文学者のテリトリーである6章の内容を繋げたつもりです。

　最後の第Ⅲ部「宇宙の未来と多宇宙」では、本書のしめくくりとして、7章で、現在推測されている宇宙の未来をまとめ、8章で、いわゆる多宇宙の考え方を紹介しました。

第Ⅰ部の基礎的な内容は今後も変わらないでしょうが、第Ⅱ部はまだまだ進化・深化するでしょうし、第Ⅲ部はさらに発展するでしょう。まずは現時点での宇宙像を愉しんでもらえればありがたいと思います。

2018 年 8 月

福江　純

絵でわかる宇宙の誕生　目次

はじめに　iii

第Ⅰ部　膨張宇宙像の確立　1

第1章　古代の宇宙観と現代の宇宙論　2

1.1　神話や伝説の宇宙観　2

1.2　現代の宇宙の構造と進化　3

　　スケール　宇宙の情報量　8

1.3　科学的な天文学と宇宙論の成立史　8

第2章　現代的な宇宙論のはじまり　21

2.1　アインシュタインの一般相対論と静止宇宙モデル　21

2.2　フリードマンとルメートルの膨張宇宙モデル（標準モデル）　30

2.3　ハッブルによる膨張宇宙の観測的検証　36

　　エビデンス　ハッブルの法則　38

　　スケール　ハッブル定数　39

　　ウォッチング　動かない銀河〈神の視点から〉　40

　　スケール　密度パラメータ Ω　41

第3章　ビッグバンと火の玉宇宙像　42

3.1　ガモフの火の玉宇宙とビッグバン宇宙モデル　42

3.2　ホイルの定常宇宙論　45

　　スケール　C場物質生成率　48

3.3　マイクロ波宇宙背景放射の発見　49

　　ウォッチング　光子の旅　54

　　エビデンス　3K宇宙背景放射のスペクトル　55

　　エビデンス　3K宇宙背景放射の一様性と等方性　56

第 II 部　宇宙の誕生と進化　63

第4章　インフレーションと時空の誕生　64

4.1　時空誕生直後のインフレーション膨張期　64

スケール　プランクスケール　71

ウォッチング　泡立つ真空　77

4.2　時空の誕生時の特異性と虚時間の宇宙　77

4.3　はじまりの前と無からの宇宙の創生　83

第5章　力の分離と物質の誕生　88

5.1　世界を構成している物質と力　88

エビデンス　ニュートリノの発見　92

スケール　中間子の質量と核力の到達範囲　94

5.2　温度を上げていく：物質を分解し力を融合する　97

スケール　ニュートリノの凍結　102

5.3　粒子と量子と古典場と場の量子論　106

第6章　宇宙の晴れ上がりと暗黒時代　110

6.1　承前：力の分離と物質の誕生　110

6.2　宇宙初期における元素の合成　113

エビデンス　H と He の存在比　120

6.3　晴れ上がりから暗黒時代を経て再電離へ　122

ウォッチング　光り輝くプラズマの壁　125

6.4　宇宙進化のアウトライン　130

ウォッチング　星は宇宙の錬金術師　131

第III部　宇宙の未来と多宇宙　133

第7章　ビッグチルかビッグリップか──加速膨張と未来　134

　7.1　加速膨張の発見と宇宙の未来　134

　　　エビデンス　モンスター・ハッブル法則　136

　7.2　ダークマターとダークエネルギー　141

　　　ウォッチング　弾丸銀河団の誕生　141

　7.3　加速膨張していく宇宙の未来　146

第8章　マルチバース──多宇宙はあるのか　152

　8.1　限りなく幸運な宇宙　152

　8.2　平凡原理と人間原理　157

　8.3　無限宇宙、無量宇宙、膜宇宙、多世界、マルチバース　159

　おわりに　167

　参考文献　169

　索引　170

An Illustrated Guide to the Birth of the Universe

第 I 部

膨張宇宙像の確立

　人々ははるかな大昔から宇宙の姿や成り立ちに思いを馳せ、神話や伝説の中で、宇宙の誕生の物語を語ってきました。中世以前の宇宙像は、実験や観察を伴わない、頭の中だけで考える思弁的なものでした。17世紀にガリレオ・ガリレイが確立した実証科学によって、実験や観察によって検証する現代科学の手法が編み出され、宇宙も"科学的に"考察し取り扱うことができるようになりました。さらに18世紀、アイザック・ニュートンの万有引力の法則によって、地上の力学と天上の力学が同じものであることがわかります。そして20世紀、アルバート・アインシュタインが構築した一般相対論によって、ついに、宇宙の構造と進化を扱う方法が手に入り、観測によって確かめることができるまでになりました。現代の宇宙像では、138億年前に、宇宙は高温高圧で高密度の火の玉状態からはじまり、爾来、膨張を続けて、こんにちに至っていると考えられています。この第I部では、科学の発展を含めた宇宙観の変遷と、現代のビッグバン膨張宇宙論の基礎概念と観測的な検証について、概要を紹介していきます。

第1章 古代の宇宙観と現代の宇宙論

　古代の人々が思い描いていた世界の成り立ちと、科学的な手法（観測＋理論＋推論）で得られた現代の宇宙進化論は、イメージとしてはよく似通っています。現代科学が解き明かした宇宙誕生の詳細を物語る前に、古代の宇宙観を少しだけ復習し、また現代の宇宙像の概要をまとめておきましょう。さらに、現代科学および現代天文学と現代宇宙論の成立についても簡単に整理しておきます。

1.1 神話や伝説の宇宙観

　古代エジプトの神話では、ヌンなる形の定まらない原初の水だけがあった世界に、原初の神アトゥムが誕生し、その原初の神から大気の男神シューと、妹であり妻である湿気の女神テフヌトが生まれ、この二人から、天空の女神ヌートと大地の神ゲブが生まれたとされます。

　ギリシャの神話では、最初に誕生したのは"混沌の淵"カオスでした。その曖昧模糊としたカオスから、ガイア（大地）とタルタロス（地底の暗黒）が生まれたとされます。そしてガイアが空を覆うウラノス（天）と大地を取り巻くポントス（海洋）を生み出し、さらに最初の支配種族である巨神族ティターンや、後に支配するオリンポス神族が生まれていきました。

　古代中国における宇宙観でも、天も地もない時代、やはり、はじめに"混沌"ありきです。卵のような形をしていた混沌の中から盤古という巨人が生まれ、18000年後に、澄んだモノ（陽の気）と濁ったモノ（陰の気）が上下に分かれて天と地ができました。

　最後に、日本神話における天地創造の物語では、この世の最初では、天

2　第Ⅰ部　膨張宇宙像の確立

と地はまだ分かれておらず、すべてが混ざり合ったドロドロでわけのわからない状態でした。その長い混沌たる状況に一点の曙光が差し、澄んだモノが上方に昇って大空となり、濁ったものは下方に澱んで大地となりました。これが天地開闢です。

以上のような古代の物語では、しばしば、"混沌"からはじまる宇宙像が展開されています。そして、混沌の中から現れた神々が、整った世界を形作っていく有様が描かれています。

では、今度は、現代の最先端の宇宙像を眺めてみましょう。

1.2 現代の宇宙の構造と進化

図 1.1 は時間の流れに沿って宇宙の誕生から現在までの進化を表したものです。図の横軸が時間軸で、左端が宇宙のはじまり、右端が宇宙のはじまりから 138 億年経った現在の宇宙です。また時間軸に垂直な方向が宇宙の空間的な広がりで、時間の経過とともに、宇宙が広がりながら多様な天

図 1.1 現代宇宙進化の描像

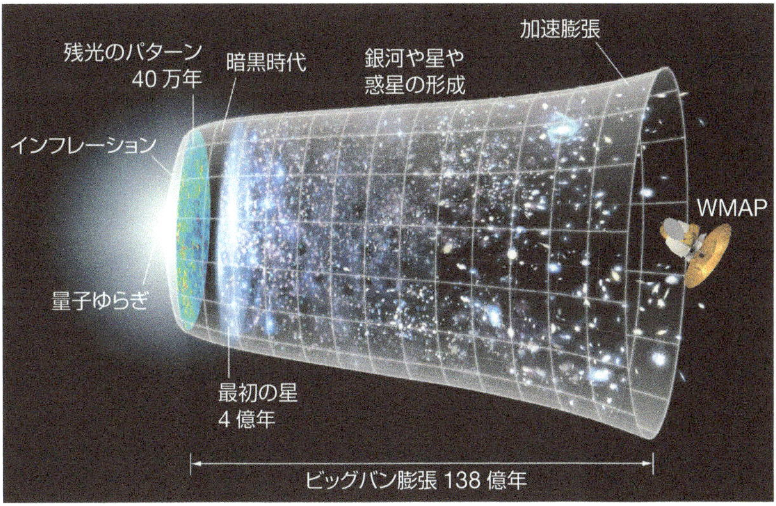

（NASA/WMAP Science Team）

第1章 古代の宇宙観と現代の宇宙論 | 3

体が形成されていく様子を表しています。この図にしたがって、宇宙の進化の歴史をおおまかに辿ってみましょう。

現代の宇宙論では、時間も空間も何もなかった"無"の状態から、量子力学的なゆらぎによって宇宙（時空）は誕生したと考えられています（**図1.2**）。手も耳も口もない曖昧模糊とした混沌以前に、実際の宇宙では"無"の状態があったようです。そして、**プランク時間**と呼ばれるきわめて短い10^{-44}秒ぐらいに宇宙が誕生し、その後、10^{-38}から10^{-26}秒ぐらいにかけて、宇宙は**インフレーション**と呼ばれる急激な膨張をしていったと考えられています（4章）。

さらにその直後、1秒にも満たない短時間の間に、**真空の相転移**と呼ばれる事象によって、重力・強い力・弱い力・電磁力などがつぎつぎと分離していき、陽子や電子など現在の宇宙にある通常の物質を形作る素粒子が誕生しました（5章）。またインフレーションの直後は、宇宙はとてつもなく高温高密度の状態でした。ちょうどこの時期が、手も耳も口もない曖昧模糊とした混沌のイメージでしょうか。

さらに真空の相転移後の高いエネルギーによって、インフレーションに比べれば緩やかなものの、宇宙は膨張を続け、宇宙の温度は次第に下がっていきました。これがいわゆる**ビッグバン膨張宇宙**と呼ばれるものです（2章、3章）。そして宇宙が開闢して約100秒、約3分経つころには、陽子（や電子）以外にも、ヘリウムや重水素やリチウムなどの軽元素が合成され

図1.2　無と量子的ゆらぎのイメージ

（NASA/CXC/M. Weiss）

（**図1.3**）、宇宙の物質の初期状態が確定していきました（6章）。

また宇宙が誕生してから数十万年という長い間は、宇宙全体が高温の火の玉状態で、水素やヘリウムなどの元素はすべて電離した**プラズマ**（電離気体）になっており（**図1.4**）、ちょうど星の内部のように不透明で、一寸先も見通すことができませんでした。しかしその間も宇宙は膨張し続けて、同時に火の玉の温度は下がっていき、誕生後、約40万年ぐらいで、火の玉の温度が3000 Kほどまで下がります。その結果、電離したプラズマ（たとえば陽子と電子）は電離していない中性ガス（たとえば水素原子）になりました。原子状態の中性水素ガスはおおむね光を通すので、宇宙は不透

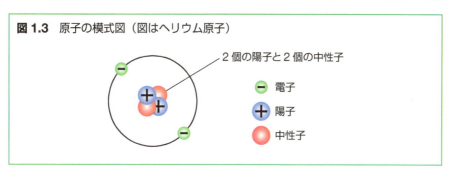

図1.3 原子の模式図（図はヘリウム原子）

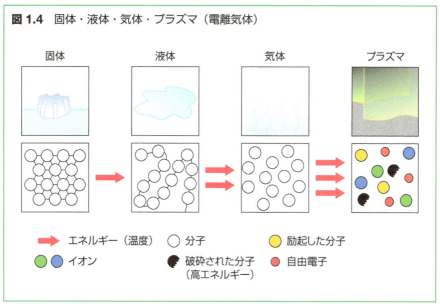

図1.4 固体・液体・気体・プラズマ（電離気体）

明状態を脱して、宇宙の遠方まで見通せるようになりました。これを**宇宙の晴れ上がり**と呼んでいます（6章）。なお、この当時、宇宙に飛び交っていた大量の光子は、現在の宇宙にもエネルギーが低くなったマイクロ波電波として残っています（3章）。

その後の宇宙の進化は、誕生直後と比べれば比較的ゆっくりとしたもので、2～4億年ぐらいで最初の星や銀河が誕生し、**ダークマター**と通常の物質が絡み合いながら、数十億年ぐらいかけて、多くの星々や銀河が誕生していきました。なお、宇宙の晴れ上がりから最初の天体の誕生までの数億年間は、宇宙の中で光る天体が存在しないため、その時代の宇宙を探ることが難しいこともあって、**宇宙の暗黒時代**と呼ばれています（6章）。

最後に、宇宙が誕生して約90億年後、いまから約46億年前に、宇宙においてはありふれた銀河の一つである銀河系の片隅で、太陽と太陽系そして地球が誕生しました。その地球上では、いまから約36億年～39億年ぐらい前に、生命が発生したと考えられています。現生人類が生まれたのは、いまからほんの100万年ほど前にすぎません。その人類が、現在では、宇宙の年齢が138億歳であり、その間に起こった出来事をかなり詳しく知ってきたのは、ほんのこの十数年のことなのです。いまは、なかなか驚くべき時代だといえます。地球の今までの138億年の歴史と、予測されている未来を**表1.1**にまとめます。

さて、現代の宇宙論では、"宇宙（時空）の外部"さえも考察の対象にしています。

まず時間的な外部としては、宇宙のはじまる前というものはないようですが、現在から未来へは宇宙は続いているでしょう。はるかな未来に宇宙はどのような姿をしているのでしょうか。かつては宇宙は熱死を迎えるという考え方もありました。膨張宇宙はやがて収縮に転じて崩壊するという考えもありましたし、ずっと膨張を続けるというモデルもありました。最近では、永遠に膨張していくという考えが主流になってきたようです（7章）。

また宇宙（時空）自体の外部にも別の宇宙があるかもしれません（**図1.5**）。半世紀前ぐらいのSFでよく扱われた並行宇宙（パラレルワールド）が、現代の宇宙論では多宇宙（マルチバース）という名前でマジメに議論されています（8章）。

表 1.1 宇宙の歴史

時間	サイズ比	大きさ	温度	主な出来事
0	0	0	∞	無からの宇宙（時空）の誕生 インフレーションの開始 【第 0 の相転移】
プランク時間 $=\sqrt{Gh/c^5}$				時空の量子的ゆらぎの終わり 【重力と強い力の分離：第 1 の相転移】
10^{-44} 秒	10^{-33}	10^{-3} cm	10^{32} K	重力が誕生する 【強い力と弱い力の分離：第 2 の相転移】
10^{-36} 秒	10^{-30}	1 cm	10^{28} K	強い力が誕生しバリオン数が発生する 【弱い力と電磁力の分離：第 3 の相転移】
10^{-11} 秒	10^{-15}	100 au	10^{15} K	電子が誕生する 【クォークがハドロンに：第 4 の相転移】
10^{-6} 秒			10 兆 K	陽子・反陽子の対消滅が起こる
10^{-4} 秒			1 兆 K	中間子が対消滅しクォークがハドロンになる
100 秒	10^{-10}		40 億 K	電子・陽電子が対消滅して光になる
100 秒	10^{-8}	10^3 光年	10 億 K	元素合成の始まり 【輻射の時代の終わり＆物質の時代の始まり】
5 万年	10^{-4}	500 万光年	9700 K	輻射密度＝物質密度 【宇宙の晴れ上がり】
38 万年	10^{-3}	1400 万光年	3000 K	陽子と電子が結合し水素原子に
2 億年	0.1	14 億光年	30 K	最初の天体の形成と宇宙の再電離
10 億年	0.25	30 億光年	16 K	クェーサー形成
30 億年	0.5	60 億光年	8 K	銀河ができる
90 億年	0.75	約 46 億年前		太陽と地球の誕生
100 億年頃		約 38 億年前		生命が発生する
		約 100 万年前		人類の誕生
138 億年	1	138 億光年	2.7 K	現在
190 億年頃		約 50 億年後		太陽の赤色巨星化
1 兆年頃				銀河の老齢化
100 兆年頃				星が燃え尽きる
10^{32} 年頃				陽子の崩壊
10^{100} 年頃				ブラックホールの蒸発

第 1 章　古代の宇宙観と現代の宇宙論

図 1.5 多宇宙のイメージ

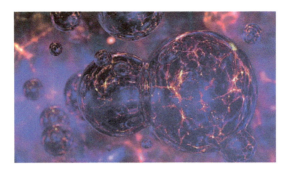

（Mark Garlick/Science Photo Library/Getty Images）

> **スケール** 　**宇宙の情報量**
>
> 　パソコンのCPU（中央演算ユニット）が32ビットだとか64ビットだという話を聞いたことがあるかもしれません。ここでビット（bit）というのは、計算機内部のデータの最小単位で、0（オフ）か1（オン）かを表します（計算機内部は10進数ではなく、0と1のみを使う2進数になっています）。たとえば、00、01、10、11は、どれも2ビットの情報になります。したがって、64ビットは、0か1を64個並べた情報量となります。
>
> 　さて、宇宙最初の状態だったとされる目も耳もない"混沌"。"のっぺらぼう"ですから、ほとんど情報量はなさそうですね。でも、真っ暗（オフ）だったか、光っていた（オン）かぐらいは違いがあったでしょう。混沌の情報量は1ビットだったといえます。情報量という観点からは、宇宙は1ビットの情報からはじまり、果てしなく情報量を増やしてきた過程だともいえるかもしれません。

1.3 科学的な天文学と宇宙論の成立史

　現代の宇宙物理学が解き明かした宇宙誕生の物語については、次章から

一つひとつ丁寧に紹介していきます。ここでは、宇宙論が成立する上での土台となった天文学について、過去から近代までの歴史的な流れを駆け足で辿ってみたいと思います。

ギリシャ自然哲学からガリレオへ

現代科学の源流はギリシャの自然哲学にあるとされています。たとえば、デモクリトス（前5世紀）は、世界は無数の原子とそれらが運動する空虚な空間である真空からなっていると考えました。ピタゴラス（560BC？～480BC？）は、地球は球体であり、星々は球状宇宙を円を描いて回っているとしました。さらにアリストテレス（384BC～322BC）は、地上界と天上界を区別し、地上界は地火風水（土・火・空気・水）の4大元素から構成されている一方、完全無欠な天上界は第5元素エーテルから構成されているとしました。

もっとも、これらギリシャの自然哲学はあくまでも思弁的なもので、実際の世界での確認作業（検証作業）は行われませんでした（技術的にも不可能でした）。したがって、抽象的な数学の定理などは別として、宇宙に関する理解については、あくまでも頭の中だけのものでした。

現代科学の創始者は、時代を下り、16世紀から17世紀にかけて生きたイタリアのガリレオ・ガリレイ（1564～1642）とすべきでしょう。彼は、たんに思弁によってのみ宇宙を理解しようとするのではなく、実験や観察によって科学的法則を導く**実証科学**を確立しました。さまざまな実験によって経験的に成り立つ法則を見出したり（たとえば振り子の等時性、斜面の実験）、思弁にもとづいた科学的予測をきちんと実験によって実証して確認する作業をしました（重いモノが軽いモノより早く落ちるというアリストテレスの考えに対し、重いモノと軽いモノを結んだらどうなるかというアイデアなど）。

さらに、オランダの眼鏡職人ハンス・リッペルスハイ（1570?～1619）が望遠鏡を作ったという噂を聞いて、ガリレオは自分でも凸レンズの対物鏡と凹レンズの接眼鏡を組み合わせた（ガリレオ式）望遠鏡を製作しました（1609年）。そして**図1.6**に示すように、望遠鏡の観測で、月が滑らかな球などではなく、山や谷があり、デコボコしたクレーターで覆われていることを発見しました。また木星のまわりを4つの衛星（こんにち「ガリ

図 1.6 ガリレオによる月のスケッチと太陽黒点のスケッチ

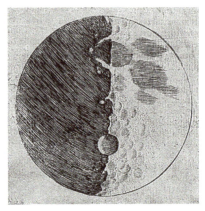
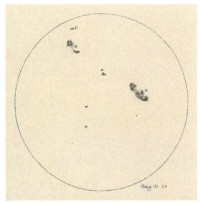

レオ衛星」と呼ばれています）が回っていることを発見し、太陽系のミニチュアを想像しました。太陽の黒点も発見し、太陽も完全無欠な球体ではないことを証明しました。

コペルニクスと地動説

　実証科学の導入と、宇宙観の観測的な基礎を先に出したので、話が少し後先になりましたが、観測にもとづいた現代宇宙観の理論的な礎は、ガリレオより少し前のコペルニクスから、ガリレオとおおむね同時代のブラーエ、ケプラー、ニュートンへと続きます。

　天動説と地動説については、よく知られているかと思いますが、念のために整理しておきましょう。朝が来ると太陽が東から昇り、半日ほどかけて天空を横切って、夕べには西へ沈みます。月や夜空の星々も、同じように、毎日毎夜、天界を東から西へ動きます。これら天界における天体の見かけの運動は、見たままどおり、天界の運動によるものだとする考え方が**天動説／地球中心説**（geocentric model）です。一方、天体の見かけの運動は、もちろん天界自体も動いているかもしれないが、まずは地球の自転と公転によるものだとする考え方が**地動説／太陽中心説**（heliocentric model）です。

　天動説にせよ地動説にせよ、すでにギリシャ時代に考え方はあったもの

ですが、2世紀にエジプトのアレキサンドリアで活躍した天文学者プトレマイオス（90?～170）が、それまでの理論をまとめあげ、天動説の体系を完成させました（**図 1.7**）。

プトレマイオスが集大成した天動説では、地球を中心として、太陽、月、5惑星（水星、金星、火星、木星、土星）が、地球のまわりを回っていると考えます。それらのシステムを取り巻いて、無数の星々が張り付いた球状の恒星天があるとしました。これはギリシャ時代のアリストテレスの宇宙観と基本的には同じものです。ただし、プトレマイオスは、それまでの理論をすべて取り込んで、とことんまで天動説を精密化し、さまざまな天体の複雑な動きを説明したのです。もともとのモデルは、いまは失われてしまいましたが、ギリシャ時代のヒッパルコス（170BC?～125BC?）によるものだと考えられています。

プトレマイオスの書物は、やがてアラビア圏を通じて西欧社会に逆輸入されました。その結果、プトレマイオスの天動説が、コペルニクスが現れるまで、1400年の長きにわたって、西洋科学を支配する中心的教義（セントラルドグマ）となっていったのです。

さて、中世ヨーロッパにおける科学の長い停滞の後、ルネッサンスとコペルニクスの地動説が現れます。

有名なフレーズ"コペルニクス的転回"で知られるポーランドの天文学

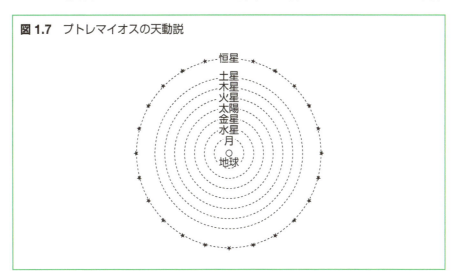

図 1.7 プトレマイオスの天動説

者コペルニクスが現れたのは 15 世紀の終わりです。ポーランドのトルンに生まれたニコラス・コペルニクス（1473〜1543）は、ポーランドのクラコウ大学で医学や神学を修め、イタリアなどへ留学し、その間、数学や天文学も学びました。その後、ポーランドに戻り、生涯の大部分をフラウエンブルグ大聖堂で聖職者として過ごしました。当時の西欧キリスト教社会では、聖職者が知識階級の中心だったのです。

コペルニクスは天文学の文献を詳細に研究した結果、当時、1000 年以上にわたって支配的な考えであったプトレマイオスの天動説に疑いをもつようになります。そして、地球も他の惑星と共に太陽のまわりを回っているという地動説を唱え（図 1.8）、実際に、天動説よりも地動説の方が、惑星の運動をより"単純"に説明できることを示したのです。

コペルニクスの宇宙モデルでは、太陽を中心として、内側から、周期 80 日の水星、周期 9 ヶ月の金星、周期 1 年の地球と月、周期 2 年の火星、周期 12 年の木星、周期 30 年の土星、そして不動の恒星天があると考えます。彼のモデルでは、惑星の軌道は円としたため、天動説同様に円軌道の上の小さな周転円を必要としました。またやはり天動説と同様に、不動の恒星天も置いています。しかしそれら以外は、こんにちの太陽系の描像と同じ

図 1.8　コペルニクスの地動説

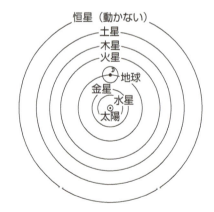

太陽を宇宙の中心に置き、地球やほかの惑星をそのまわりで回転させることで、ポーランドの天文学者ニコラス・コペルニクスは、地球が宇宙の中心であるという古くからの考えに異議を唱えた。

になりました。

ブラーエと観測天文学

　コペルニクスの『天球の回転について』は学者の間でもあまり理解されなかったそうですが、コペルニクスの考えをよく理解し批判したのがデンマークの天文学者ティコ・ブラーエ（1546〜1601）です。ブラーエは、もし固定した星々に対して地球が運動しているなら、地球の位置の変化に伴い、"視差"によって、星の見かけの位置が移動して見えるはずだと主張しました。コペルニクスの答えは、星々の距離があまりに遠いので、"視差"が小さすぎて当時の観測精度では観測できないというものでした。実際、こんにち、たとえば、地球が太陽のまわりを公転する際に星の位置が変わって見える「年周視差」はちゃんと観測されています。しかし、この年周視差はコペルニクスが推測したように非常に小さいもので、年周視差がはじめて観測されたのは、実に、1838年になってからでした。

ケプラーと三法則

　コペルニクスは、宇宙観の大革命を引き起こしましたが、彼自身は、惑星の軌道は円だと考えていました。ここで、ヨハネス・ケプラーの出番です。

　ケプラーが活躍したのはコペルニクスより100年ほど後の時代です。ヨハネス・ケプラー（1571〜1630）はドイツの自由都市ワイル・デル・シュタットに生まれました。体が弱く病気がちだったものの利発な子どもだったようです。ケプラーは長じてテュービンゲン大学の神学生として数学や天文学を学び、プトレマイオスの天動説とコペルニクスの地動説に精通したとされます。卒業後は聖職者を希望したのですが、それは叶わず、グラーツにあるプロテスタントの高等学校で数学と天文学を教えることになりました。

　ケプラーは、神の作った宇宙は完全だと信じており、完全な立体と完全な球で宇宙の立体構造ができていると考えていました。そしてグラーツ時代の1596年に『宇宙の神秘』という本を出版して、水星球—正八面体—金星球—正二十面体—地球—正十二面体—火星球—正四面体—木星球—正六面体—土星球の順に、交互に幾何学的図形が入れ子に組み合わさった宇

宙（太陽系）の構造モデルを発表しました。

当然、惑星の軌道も完全なる円（真円）だと思っていたのです。しかし、ケプラーは観測的なデータの裏付けが乏しいのを知っていました。そして、1600年、チェコのプラハで生涯に得た膨大な観測データを整理していたブラーエのもとへ、当時まだ20代だった気鋭の天文学者ケプラーが弟子入りしたのです。神の作った宇宙のしくみを解き明かしたかったケプラーは、ブラーエの観測技術を学び、ブラーエの観測データを研究したかったのです。しかし、ブラーエはといえば、当時の学者の例に漏れず変わり者で、重要なデータは弟子のケプラーにさえ見せなかったようです。それでもケプラーの才能に感心したブラーエは、火星のデータなど次第にケプラーにデータを開示していきました。ブラーエは1601年に死んだので、ケプラーとブラーエが一緒に仕事をしたのは、実はたった2年にも満たない期間だったのですが、それなりに実り多いものだったようです。

1601年にブラーエが死ぬと、ケプラーの元には20年におよぶ精密な肉眼観測のデータが残され、ケプラーはそれらを引き継ぎました。またブラーエの後を継いで、ルドルフ二世の首席宮廷数学者となりました。ここからがケプラーの本領発揮です。

ケプラー自身は惑星の軌道が真円であることを証明したかったらしいのですが、ブラーエが詳細に観測した火星のデータを精密に検討した結果、1609年、火星の軌道が楕円であることを証明してしまいました。これはコペルニクスの地動説を支持するとともに、より発展させたものとなったのです（コペルニクスの考えでは軌道は真円）。さらに、ケプラーは惑星の運動に関する有名な3法則を発見していくこととなります。著書『新天文学』でケプラーの第1法則と第2法則が発表されたのは1609年、『宇宙の調和』で第3法則が発表されたのは1619年になってからです。

ケプラーの法則

ここで、現代の宇宙観の形成とニュートンの万有引力の法則の成立にとって非常に重要な役割を果たした、ケプラーの法則について復習しておきましょう。

ケプラーが発見した大法則は、以下の3つにまとめられています（**図1.9**）。

ケプラーの第 1 法則（楕円の法則）：惑星は太陽を一つの焦点とする楕円軌道を描く

　楕円には"焦点"と呼ばれる2つの点 A と B があって、楕円上の点 P と各焦点との距離の和 PA ＋ PB が一定になるような軌跡になっています。焦点の間隔が長いほど細長い楕円になり、短いと円に近い楕円になり、そして焦点が一致したとき完全な円になります。

ケプラーの第 2 法則（面積速度一定の法則）：太陽と惑星を結ぶ線分が一定時間に描く扇型の面積は常に一定である

　惑星は楕円軌道を描きながら太陽のまわりを回りますが、たとえば 1 ヶ月なら 1 ヶ月という決まった時間の間に軌道上を運動したとき、惑星の最初の位置と太陽を結ぶ線、最後の位置と太陽を結ぶ線、そしてその間の軌

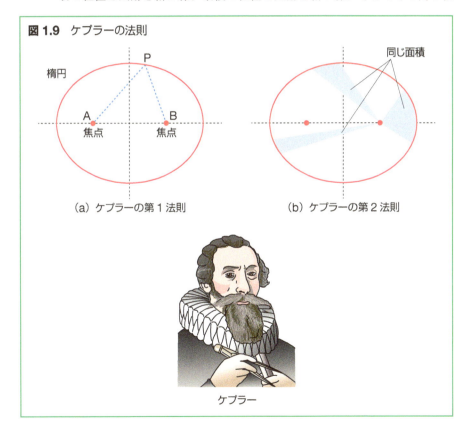

図 1.9　ケプラーの法則

（a）ケプラーの第 1 法則　　（b）ケプラーの第 2 法則

ケプラー

道で作られる扇型の面積が、軌道上のどこでも同じになるというのが、第2法則です。単位時間あたりに描く面積ということで"面積速度"という名前が付いています。この面積が一定になるためには、焦点（太陽）に近い付近では扇の直線部分の長さが短いので、弧の部分が長くなるように惑星は速く動かなければなりません。一方、焦点から遠いところでは直線部分が長いので、弧の部分が短くなるように惑星はゆっくり動くことになります。すなわち第2法則は、楕円の軌道上での惑星の運動速度を指定する法則なのです。

ケプラーの第3法則（調和の法則）：惑星の公転周期の2乗と軌道長半径の3乗の比は、すべての惑星に共通で一定の値になる

　太陽から遠くにある（軌道長半径が長い）惑星ほど、太陽のまわりを一周する時間（公転周期）が長くなるだろうことは、何となく想像はつくでしょう。しかし、単に、公転周期が軌道長半径に比例するのではなく、公転周期の2乗が軌道長半径の3乗に比例するという点に、自然界の"調和"と不思議さがあります。

ニュートンと現代科学

　古典物理学を完成させ古典的な宇宙観を完成させたのが、17世紀の偉人、ニュートンです。

　アイザック・ニュートン（ユリウス暦1642～1727、グレゴリオ暦1643～1727）は、ガリレオが没した1642年、ロンドンに近い片田舎、リンカンシャーのウールスソープに生まれました。恵まれない少年時代を送ったようですが、ニュートンが通ったグランサム王立学校の校長やニュートンの叔父は、ニュートンの類稀なる才能を見出して、ニュートンは名門ケンブリッジ大学トリニティ・カレッジに入学することになりました。トリニティ・カレッジに進んだニュートンは、1661年から1665年にかけて猛勉強し、そして1665年、ペストの大流行で大学が閉鎖されたため、故郷ウールスソープに戻ります。

　この1665年から1666年にかけて、ニュートンが22歳から23歳であった故郷での2年間は、こんにち、"奇跡の年"と呼ばれています。というのも、微積分学、光学理論、運動の法則、万有引力の法則など、ニュート

16 ｜ 第I部　膨張宇宙像の確立

ンの数々の大発見の骨格は、すべてこの時期にできたものだからです。その後、1669年、ニュートンは26歳という若さで、ケンブリッジ大学のルーカス教授職に就き、栄光の階段を上っていきます。

そして友人エドモンド・ハレー（1656〜1742）の強力な支援のもと、1687年には万有引力などを扱った有名な『自然哲学の数学的原理』、通称『プリンキピア』を出版し、ニュートンの地位は不動のものとなっていきます。ニュートンは晩年は造幣局に移り、また1703年には王立協会の会長となり、1727年に85歳で死ぬまで両方の長を勤めました。

絶対空間と絶対時間

ニュートンの確立した宇宙像は、大きく2つに分けられます。

地上界における物体の運動はガリレオが実験を行って詳しく調べ、たとえば落体の法則として知られていました。一方、天上界における天体の運動はケプラーが観測的な方法で解析し、ケプラーの法則としてまとめられていました。これらを組み合わせたのがニュートンです。たんに組み合わせただけではなく、組み合わせ融合し昇華して、地上界と天上界を支配する共通のルール、万有引力の法則を導いたのです。

ニュートンの確立した近代的宇宙観で、もう一つ重要なのが、"絶対空間"と"絶対時間"の考えです。まずこちらを簡単に述べましょう。

できごと・ものごとが生起し変化していくときに、そのできごと・ものごとが存在する領域、いわばできごと・ものごとの"入れ物"が空間であり、できごと・ものごとが変化していく経緯、いわば変化の"経過方向"が時間です。たとえば、木からリンゴが落ちたり、地球のまわりを月が回るとき、リンゴや月は空間という"入れ物"の中を動いていますし、時間の"経過"にしたがってその位置を変えています。

ニュートンはこれらさまざまの、あらゆる事象（できごと・ものごと）が起こる共通の舞台を**絶対空間**（absolute space）と呼び、あらゆる事象に共通の経緯を**絶対時間**（absolute time）と呼びました（**図1.10**）。ニュートンの言葉を借りれば、

"絶対的な空間は、その本性として、いかなる外的事象にも無関係に、不変に存続している"

"絶対的な時間は、その本性として、いかなる外的事象にも無関係に、一

図 1.10 絶対空間と絶対時間

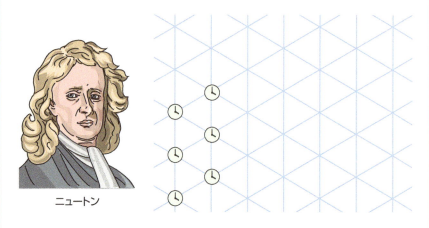

ニュートン

格子状の空間の格子点に同じ時計がセットされている。

　　　　様に流れている"
のようになります。

　永久不変の絶対空間と一様に流れる絶対時間という考えは、わかりやすいもので、日常的な感覚にも一致しています。しかし、20世紀初頭にアインシュタインが打ち立てた相対論によって、空間や時間はニュートンが構想した絶対不変のものではなく、観測者によって変化する相対的なものであることがわかりました。

万有引力の法則

　地上界において、手から取り落とした鉛筆にせよ木から熟れてもげたリンゴにせよ、支えるものがない物体は地面に落ちてしまいます。これは地球が物体を引き寄せているためです（同時に物体も地球を引っぱっていますが、地球の方が圧倒的に重いために、物体だけが引き寄せられているようにみえます）。一方、天上界において、地球と月や太陽と地球や、いろいろな天体同士も引き寄せ合っています。

　このような質量をもったあらゆる物体の間に働く引力を**万有引力**（universal gravitation）と呼びます。天体現象を念頭に置いて、たんに**重力**（gravity）と呼ぶことも多いです。

万有引力の法則：2つの物体の間に働く万有引力（重力）は、それぞれの物体の質量の積に比例し、物体間の距離の2乗に反比例する

　このときの比例定数 G は、物体の種類などによらない宇宙のどこでも共通な普遍的な定数で、**万有引力定数**と呼んでいます。

　万有引力は、物体の質量とお互いの距離だけで決まるもので、物体の形とか色とか匂いとか、それが生きているか生きていないかとか、物体のさまざまな性質には関係ありません。また万有引力は、2つの物体の間に、何か別のモノがあっても関係なく届きます。そして、ニュートンの絶対時間・絶対空間の枠組みの中では、万有引力は"瞬時"に届くと考えられていました。したがって、古典的な意味では、万有引力は"遠隔作用"する力です。

　ケプラーの3つの法則からニュートンの万有引力の法則が導かれ、逆に、ニュートンの万有引力の法則からはケプラーの3つの法則が導出できます。したがって、ケプラーの法則とニュートンの万有引力の法則は数学的には等価といえます。しかし物理的な意味合いは大きく異なります。というのは、ケプラーの法則は観測によって得られた現実世界の経験的な法則であり、一方、ニュートンの万有引力の法則は万有引力という原理にもとづいた現実世界を説明する理論的枠組みだからです。ある自然現象について、

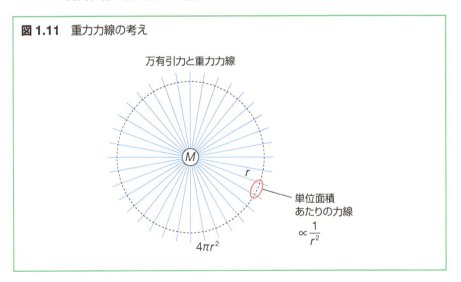

図1.11　重力力線の考え

観測によって得られた事実を説明することができ、かつ新しい（隠された）現象を予言できる理論を得て、はじめて、その自然現象の物理的しくみを理解できたと言えるのです。

第2章 現代的な宇宙論のはじまり

アインシュタインの一般相対性理論によってはじめて、現代的な宇宙論を議論することが可能になりました。有限の過去にはじまり膨張する宇宙という、相対性理論以前には及びもつかなかったまったく新しい宇宙像が明らかになったのです。さらにはハッブルによる遠方宇宙の観測によって、実際に宇宙が膨張している事実が明らかになりました。ここでは現代膨張宇宙像の成立の話をしましょう。

2.1 アインシュタインの一般相対論と静止宇宙モデル

時空の伸張を伴う新しい運動理論「特殊相対論」を 1905 年に提唱し、さらに時空の変形を伴う新しい重力理論「一般相対論」を 1916 年に完成させたアインシュタインは、相対論以外にも、量子力学や統計物理学などさまざまな分野で偉大な足跡を残した、ニュートン以来の大科学者です。実際、1905 年にアインシュタインが提出した、時空像を大変革した特殊相対論、分子の実在を証明したブラウン運動の理論、そしてミクロな世界の不連続性を指摘した光量子仮説は、どれを取ってもノーベル賞級の研究でした。そのため、ニュートンが微積分、光学理論、力学理論などを提案した 1665 年と並んで、1905 年も物理学史上の "奇跡の年" と呼ばれているぐらいです。このアインシュタインが構築した一般相対論によって、はじめて宇宙の構造や進化を実証科学として扱うことが可能になりました。

アインシュタインの波瀾万丈の生涯

アルバート・アインシュタイン（1879〜1955）は、1879 年 3 月 14 日、

南ドイツのウルムという小都市に生まれました。典型的な中流家庭でしたが、両親が商売に失敗したりして、苦労もしたようです。そんな中でも、父親のヘルマン・アインシュタインは温厚な性格で楽天家であり、母親のパウリーネはしっかりもので気配りも上手で、2年後には妹のマヤも生まれて、温かい家庭だったようです。天才アインシュタインも、ふつうの人の子だったのです。

　アインシュタインは1895年、16歳でスイスのチューリッヒ工科大学を受験しますが、暗記科目の成績が悪かったため不合格になります。そこでスイスのアーラウ州立高校に編入して、1年後にようやくチューリッヒ工科大学に入学しました。ところが1900年に工科大学を卒業したものの、教授の受けが悪く、大学に残って助手の職を得ることはできませんでした。幸い友人マルセル・グロスマンのつてで、スイス連邦特許庁に就職することができました。運命のいたずらとはいえ、これが後に"奇跡の年"へつながったのです。

　万事に手際のよいアインシュタインは、特許局の仕事を午前中に能率よく片づけ、午後は思索にふけっていたそうです。また1903年には、大学以来の仲間で4歳年上のミレーヴァ・マリッチと結婚し、しばらくは幸せで充実した生活を送ります。実際、ミレーヴァはよい議論相手で、相対論へのミレーヴァの貢献も少なからぬものがあったといわれています。時代、場所、環境そして人のすべてが重なったとき、1905年、ついに相対論が誕生しました。26歳のときです。

　特殊相対論やその他の業績を認められ、プラハ大学やチューリッヒ工科大学を経て、1914年にはアインシュタインはついにベルリン大学の教授にまで登りつめます。その間、重力の研究も進めて、1915年から1916年にかけて一般相対論を完成させました。30代のこのころが、研究者としてはまさに脂の乗りきった時期だったといえるでしょう。また1919年にイギリスの観測隊が皆既日食の観測を行い一般相対論の予言を確かめてからは、アインシュタインは世界的にも超有名人になりました。1922年には、光電効果の研究で（1921年度の）ノーベル物理学賞を受けています。改造社の招きで日本に来る船の上でノーベル賞受賞が電報され、来日時には、日本中がアインシュタイン・フィーバーに包まれたそうです。

　アインシュタインは、一般相対論の完成後も、「統一場理論」に取り組ん

だり、「ボース－アインシュタイン統計」を導いたり、物理学の根幹理論に影響を与え続けました。

一方で、個人的には、アインシュタインの浮気などが原因で結婚生活が破綻し、最初の妻ミレーヴァとは離婚します（1919 年に、3 つ年上の従姉妹エルザと再婚します）。またナチスが台頭してきたドイツでは、ユダヤ人の血を引くアインシュタインは迫害を受けるようになり、1933 年、渡米したアインシュタインは二度と故国の地を踏むことはありませんでした。

アインシュタインは、新設されたばかりのプリンストン高等研究所に落ち着いて、統一場理論の研究や哲学的思索そして世界平和のための活動を熱心に行いながら、ようやく静かな後半生を送りました。そして 1955 年、平和に関する「ラッセル－アインシュタイン宣言」に署名した 1 週間後、4 月 18 日に 76 歳で永遠の眠りについたのです。真に波瀾万丈の生涯だったといっても過言ではないでしょう。

相対論の意味

アインシュタインは特殊相対論で、ニュートンの絶対空間や絶対時間を放棄し、代わりに、光速度という基準を設定しました（**光速度不変の原理**）。ニュートンの世界でもアインシュタインの世界でも、時間や空間の中を光が進むことには変わりないので、光速度が観測者によって変化しないならば、時間や空間は観測者によって変化することになります。その結果、時間と空間は"時空"として統一されました。これは、時間や空間に対する新しい意味づけにほかなりません。

特殊相対性理論で時間と空間を統一したアインシュタインでしたが、まだ重力という難題が残っていました。特殊相対性理論が完成した後、約 10 年かけて重力の問題に取り組み、時空の幾何学という形で一般相対論を完成させました（**表 2.1**）。

ニュートン以来、時間や空間と物質やエネルギーとはまったく別のものとして扱われていました。すでに存在している（入れ物としての）時間や空間の中に、（内容物としての）物質やエネルギーが存在して、物質同士の間には万有引力が働くと信じられていました。しかし、一般相対性理論では、統一された時空の織物に、万有引力の法則をも取り込まれました。一般相対論は、曲がった時空の幾何学であり、一般相対論で、ついに時空と

表 2.1 特殊相対論と一般相対論

	特殊相対論（特殊相対性理論）	一般相対論（一般相対性理論）
成立年	1905 年	1916 年
内容	運動の理論 （$c \to \infty$ でニュートン理論）	重力の理論 （$c \to \infty$ でニュートン理論）
原理	光速度不変の原理 特殊相対性原理	等価原理 一般相対性原理
結果	時間＋空間＝時空 エネルギーと物質を統一	時空とエネルギー・物質を統一
性質	亜光速での時間の遅れ 空間の短縮 同時刻の相対性 アインシュタインの式：$E = mc^2$	重力場中での時間の遅れ 重力場での空間の曲がり アインシュタイン方程式：$G_{\mu\nu} = \kappa T_{\mu\nu}$
天体現象	太陽の核融合エネルギー シンクロトロン放射 ドップラー効果 宇宙ジェット加速	ブラックホール 重力レンズ天体 重力波 ビッグバン宇宙論

物質が統一されたのです。時空という織物は、物質・エネルギーの入れ物であると同時に、物質・エネルギーの存在によって、時空という織物自体もゆがみ変化します。そして、アインシュタインの一般相対論によって、はじめて、宇宙全体の構造や活動そして歴史を、科学的に捉えることができるようになったのです。時空と物質・エネルギーを融合させた一般相対性理論によってはじめて、宇宙を総体として扱うことが可能になったのです。そしてその結果、人類の宇宙観は根底から覆ることとなりました。宇宙は静かでも不変でもなく、ダイナミックに膨張していたのです。

アインシュタイン方程式の極意

アインシュタインが打ち立てた一般相対論において、時空と物質の関係を表す基本方程式を**アインシュタイン方程式**（Einstein equation）と呼んでいますが、ここで記号的に、アインシュタイン方程式の意味を述べておきましょう。アインシュタイン方程式の表す意味を一言で書けば、

（時空の形状）＝（定数）×（物質・エネルギーの分布）

という内容になっています（**図 2.1**）。方程式の左辺は重力場の振る舞いを意味する時空の形状を示す式になっており、右辺は物質とエネルギーの分

図 2.1 アインシュタイン方程式

$$R_{\mu\nu} - \frac{1}{2} g_{\mu\nu} R = \frac{8\pi G}{c^4} T_{\mu\nu}$$

$g_{\mu\nu}$：時空の計量テンソル
$R_{\mu\nu}$：時空のリーマン曲率テンソル
R　：時空のスカラー曲率
$T_{\mu\nu}$：物質などのエネルギー運動量テンソル

アインシュタイン

布を示す式になっています（相対論では物質とエネルギーは相互に変換できるので、ここではひとまとめになっています）。重要なのは以下の点です。

先に述べたように、時空と物質・エネルギーは従来はまったく異質なものとして扱われていました。しかし、それらをたった一本の式で関係づけてしまったところに一般相対性理論の極意があります。その結果、時空構造と物質・エネルギー分布がお互いに影響を与え合うことがわかりました。すなわち、物質・エネルギーは時空の曲がりに沿って運動する一方、また時空の曲がり方自体は物質・エネルギーの分布によって決まるのです。

さらに宇宙全体にアインシュタイン方程式を適用すると、宇宙の構造（時空の形状）と宇宙に存在する物質・エネルギーの分布とが関係づけられる

図 2.2 空間と物質の絡み合い

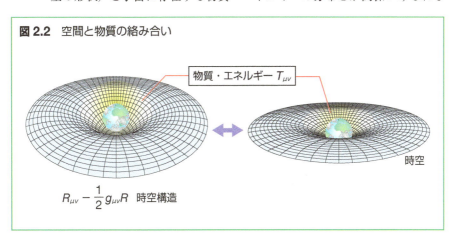

第2章　現代的な宇宙論のはじまり

ことになります。すなわち、宇宙全体の物質・エネルギー分布がわかれば、アインシュタイン方程式から、宇宙の時空構造を決めることができます。逆に、宇宙の時空構造が決まれば、アインシュタイン方程式から、その時空構造に適合する物質・エネルギー分布が決まるのです（**図 2.2**）。

宇宙原理

アインシュタイン自身が、自分の導いた方程式にもとづいて、宇宙全体の構造を考えたのは 1917 年のことです。その際、アインシュタインは 2 つの大きな仮定を置きました。

(1) **宇宙は全体として一様である**

実際の宇宙では、星や銀河があちこちに散らばっているので、小さな領域を眺めたときには、銀河が多い領域（銀河団と呼ばれる）や銀河があまりない領域（超空洞と呼ばれる）などがあります。しかし、もっと大きな範囲で眺めたときには、全体としては、銀河は宇宙全体にまんべんなく分布していると考えて差し支えないでしょう。銀河だけでなく、エネルギーやその他の宇宙に含まれるすべてのものについても、偏りなく分布しているでしょう。これが「一様性」の仮定です（**図 2.3a**）。

(2) **宇宙はどの方向を眺めても等方的にみえる**

銀河などの分布は一様なだけではありません。物質・エネルギーの分布には方向性はなく、宇宙のどの方向をみても、物質は同じように分布しているでしょう。これが「等方性」の仮定です（**図 2.3b**）。

ところで、物質が一様に分布していたら、同時に等方に分布しているように感じられるかもしれません。しかし、たとえば、宇宙の形状が球状でなく細長く延びていれば、各場所では物質が均質に分布していても、物質分布は非等方になります。あるいは、物質・エネルギーが縞状に分布していれば、縞に沿った方向と垂直な方向では宇宙は違って見えるでしょう。したがって、一様性の仮定と等方性の仮定とは、別個に仮定する必要があります（**図 2.3c**）。

この一様性の仮定と等方性の仮定とは、2 つ併せて、**宇宙原理**（cosmological principle）と呼ばれています。アインシュタインが最初に設定した宇宙原理は、現代宇宙論の基本仮定であり、相対論が誕生した後、一世紀近くにおよぶ観測においても、宇宙原理に反する観測事実は見つかっ

図 2.3 一様性と等方性

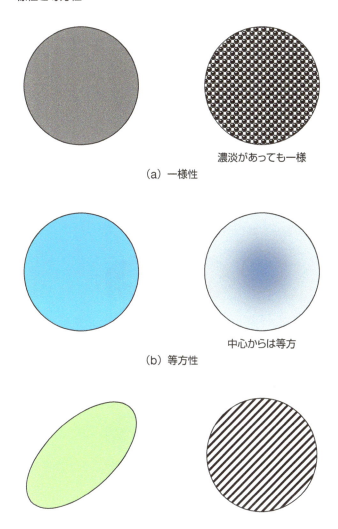

濃淡があっても一様

(a) 一様性

中心からは等方

(b) 等方性

(c) 一様だが等方ではない宇宙

(a) 左図のようにどこも同じ濃度ならもちろん一様だが、右図のように濃淡があっても一様な場合もある。(b) 左図のようにどこも同じ濃度ならもちろん等方だが、右図のように濃淡があっても特定の場所（たとえば中央）からみれば等方な場合もある。(c) 一様性と等方性は別個の性質である。一様だが非等方な分布の例を2つ示す。

ていません。アインシュタインの直感した宇宙原理は、実際の宇宙においても正しいと信じられています。

宇宙項とアインシュタインの静止宇宙

アインシュタインは、宇宙原理の仮定のもとでアインシュタイン方程式を解いて、宇宙のモデルを作ろうとしました。その際に、もう一つ、大きな仮定を置きました。宇宙が時間的に変化しないと仮定したのです（定常性の仮定）。後知恵で思えば、この最後の仮定が間違っていたのですが、当時の常識としては、宇宙は時間的に変化しないという仮定は当たり前のことだったでしょう。

さて、"空間的に一様"、"空間的に等方"、"時間的に定常"という3つ

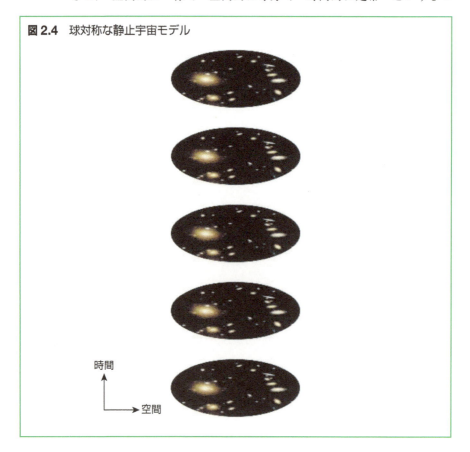

図2.4　球対称な静止宇宙モデル

の仮定をすれば、アインシュタイン方程式はかなり簡単になり、紙とペンで解くことができます。その結果得られたモデルも非常に単純な宇宙でした。すなわち、完全に球状で、銀河などの物質・エネルギーは均質に分布しており、半径は一定の宇宙でした（図2.4）。

ところが、この球状宇宙には重大な欠陥がありました。宇宙全体に分布している物質は、重力でお互いに引き寄せあうので、宇宙がつぶれてしまうのです。

そこでアインシュタインは、その欠陥を修復するために、オリジナルなアインシュタイン方程式に、一つだけ項を付け加えました（図2.5）。こんにち、**宇宙項**（cosmological term）・**宇宙定数**（cosmological constant）とか**ラムダ項**（lambda term）と呼ばれているものです。その項の役割は、宇宙全体に反発力の場を与えて、宇宙に分布する物質の重力によってつぶれないようにすることでした。

そしてこの反発力の場と物質による重力が釣り合った状態で、宇宙の構造が決まることとなりました。もし宇宙全体の物質量が多ければ、重力が強いので小さい宇宙で釣り合い、物質量が少なければ、重力が弱くなり大きい宇宙で釣り合います。いずれにせよ、宇宙の物質量に応じて、適当なところで釣り合うので、宇宙の物質量に応じて、宇宙の大きさが定まることになりました。

こうして最初のもくろみ通り、一様で等方で定常な宇宙モデルを作ることができました。この宇宙は静止しているので、アインシュタインの**静止宇宙モデル**（static universe model）と呼ばれています。

図2.5　宇宙項を導入したアインシュタイン方程式

$$R_{\mu\nu} - \frac{1}{2}g_{\mu\nu}R + \Lambda g_{\mu\nu} = \frac{8\pi G}{c^4}T_{\mu\nu}$$

$g_{\mu\nu}$：時空の計量テンソル
$R_{\mu\nu}$：時空のリーマン曲率テンソル
R：時空のスカラー曲率
$T_{\mu\nu}$：物質などのエネルギー運動量テンソル
Λ：宇宙定数（ラムダ項）

図 2.6　宇宙項のない宇宙モデルとある宇宙モデル

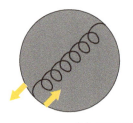

(a) 宇宙項のない宇宙モデル　　　(b) 宇宙項のある宇宙モデル

(a) 宇宙項のない宇宙モデルでは、定常宇宙を作ることはできず、物質・エネルギーの分布による重力で宇宙はつぶれてしまう。(b) 定常宇宙ができないことをモデルの欠陥だとみたアインシュタインは、自身の方程式に宇宙項を導入した。宇宙項によって定常となっている宇宙は不安定であり、微妙な釣り合いが崩れると一気につぶれてしまい、現実にはありえない。

　しかし、この静止宇宙モデルには、アインシュタインも気づかなかった欠陥が隠されていました。不安定問題です（**図 2.6**）。アインシュタインの静止宇宙は微妙な釣り合いでバランスを保っている宇宙であり、もし何かの加減でちょっと縮んだりすると、そのまま一気につぶれてしまうことがわかりました。このような不安定な宇宙は現実には長期間にわたって存在することができません。

2.2　フリードマンとルメートルの膨張宇宙モデル（標準モデル）

　テンソル量と呼ばれる変数に関する10本の連立偏微分方程式からなる非常に複雑なアインシュタイン方程式を、きわめて単純にした状況のもとで解いて、膨張している宇宙モデルの解を求めたのが、フリードマンとルメートルです。フリードマンは宇宙項がない場合の解を求め、ルメートルは宇宙項を入れた一般的な場合の解を導出しました。

フリードマンとルメートル

　アレクサンドル・フリードマン（1988〜1925）はロシア人の数学者で

す。フリードマンはサンクトペテルブルグに生まれ育ち、1906年にサンクトペテルブルグ大学へ入りました。在学中に父が死去したものの、優秀な学生であったため、恩師の薦めもあって大学院へと進学し、修士課程を出た後、1913年、サンクトペテルブルグのパヴロフスク天文台に職を得ました。その後、1917年に始まったロシア革命と引き続く内戦の時代、フリードマンは栄転しながら数箇所異動して、最終的に1920年にサンクトペテルブルグ天文台に戻り、腸チフスで死去するまで短期間台長も務めました。大気物理学や気象学の研究も行いましたが、もっとも有名な仕事が1922年の膨張宇宙解の導出です。

　アベ・ジョルジュ・ルメートル（1894〜1966）はベルギーの神父で宇宙論学者です。ルメートルはルーベン大学に入りましたが、第一次世界大戦がはじまると学業を中断してベルギー軍へ志願しました。戦後、物理学と数学を勉強するとともに、聖職者の道も選び、1920年に数学で学位を得ました。その後、1923年にケンブリッジ大学の天文学科の大学院へ進学し、エディントンのもとで宇宙論や恒星天文学を学びました。さらにハーバード大学天文台へ異動し、マサチューセッツ工科大学でも博士課程の学生として在籍しています。1925年にベルギーへ帰国し、後に彼を有名にする膨張宇宙解の研究を始めて、1927年に論文が出版されました。また同じ1927年、ルーベン大学の天文学教授に就任し、定年まで在職しました。なお、ルメートルが膨張宇宙解を発表した雑誌は、ベルギー以外ではあまり読まれない雑誌だったので、発表当時は注目されなかったのですが、1930年にエディントンが広く紹介してから、新しいタイプの解として知られるようになりました。若くして死んだフリードマンと異なり、ルメートルは長生きしたので、膨張宇宙解の発見によるさまざまな栄誉を受けることができ、また死の前年には、膨張宇宙解を実証する1965年の宇宙背景放射の発見を聞くこともできました。

フリードマンとルメートルの膨張宇宙モデル

　アインシュタインは、一様・等方という宇宙原理に加えて、宇宙が時間的に変化しない、静止していると仮定しました。この定常性の仮定をはずせばどうなるでしょうか。実際、宇宙の半径が時間的にダイナミックに変化するような解が存在したのです（**図2.7**）。

フリードマンは 1922 年に、宇宙項のないオリジナルなアインシュタイン方程式を解いて、膨張する宇宙を表す解を見いだしました。彼の求めた解は、宇宙の半径が時間的にどんどん大きくなっていくような宇宙です。このような宇宙でも、もちろん宇宙全体の物質・エネルギーによる重力作用は働いていますが、宇宙そのものが静止しておらず動的に変化しているので、アインシュタインが静止宇宙を作るために導入した宇宙項は必要ありません。

　一方で、宇宙の反発力である宇宙項があってもそれはそれで構いません。実際、ルメートルは 1927 年、宇宙項を入れたアインシュタイン方程式を解いて、やはり宇宙が膨張しているモデルを得ました。もっとも、膨張宇宙において宇宙項が存在する必然性は、"当時は" 見あたらなかったために、宇宙項とルメートルのモデルはしばらくは棚上げされることとなり

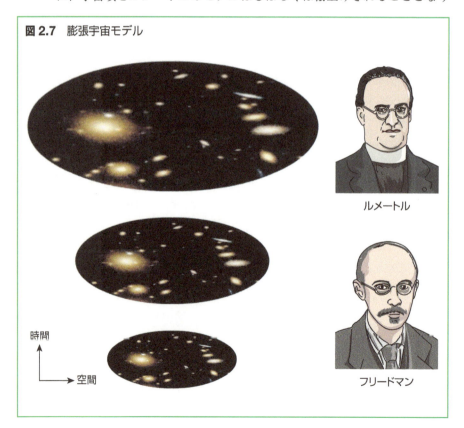

図 2.7　膨張宇宙モデル

図 2.8 膨張宇宙モデルのタイプ

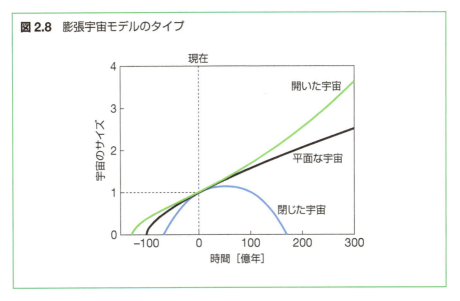

ます。

　これら、宇宙が定常ではなく、動的に膨張しているモデルは、こんにち、**膨張宇宙モデル**（expansion universe model）と呼ばれています。また、アインシュタインの静止宇宙モデルは一通りしかありませんが、膨張宇宙モデルは膨張の仕方によっていくつかのタイプにわかれることがわかっています（**図 2.8**）。

　膨張宇宙モデルの性質を決めるのは、Ω（オメガ）と Λ（ラムダ）という2つのパラメータです。パラメータ Ω は、宇宙全体の物質・エネルギーの総量を表すパラメータで、**密度パラメータ**（density parameter）と呼ばれます（正確には、総量そのものではなく、閉じた宇宙と開いた宇宙の境界値に対応する臨界量に対する比率で定義します）。物質・エネルギーはお互いの重力作用で引き寄せ合うので、このパラメータは宇宙の膨張を減速させる働きがあります。そして Ω の値が小さければ減速の程度も小さく、Ω の値が大きくなれば減速の程度も大きくなります。

　それに対し、後者のパラメータ Λ は、宇宙空間の反発力場の強さを表すパラメータで、先に述べた宇宙項そのものです（こちらも強さそのものではなく、強さの割合で定義します）。空間自体の反発力を表しているので、この Λ は宇宙の膨張を加速させる働きがあります。そして Λ の値が小さ

ければ加速の程度も小さく、Λの値が大きくなれば加速の程度も大きくなるのです。

後者のΛ項の重要性はこんにち再認識されていますが、ここでは話を簡単にするために、反発力の場はない（Λ＝0）としましょう。このとき、パラメータΩを用いて、宇宙モデルは3つに分類されます（**表2.2**）。

まず、Ωが十分に大きいと（物質・エネルギーの総量が多いと）、宇宙膨張の減速率も大きくなります。そのため、宇宙は最初は膨張していくものの、やがて膨張速度が0になり、その後は膨張が収縮に転じて、宇宙は小さくなっていくでしょう。このようなΩが大きな宇宙は、宇宙に存在する物質・エネルギーの重力作用によって、宇宙全体が曲がって閉じた状態になっており、幾何学的には球状の構造に相当するので、**閉じた宇宙**（closed universe）と呼ばれます（**図2.9**）。

逆に、Ωが十分に小さいと（つまり物質・エネルギーの総量が少ないと）、宇宙膨張はあまり減速されないので、膨張は無限に続くことになります。しかも、いつまで経っても、宇宙膨張の速度は0になりません。このような宇宙は、幾何学的には擬球と呼ばれる構造に対応しており、**開いた宇宙**（open universe）と呼ばれます。

表2.2 宇宙モデルの分類

モデル	Ω	曲率	空間の状態
閉じた宇宙	＞1	正	球状（リーマン空間的）
平坦な宇宙	＝1	0	平面（ユークリッド空間的）
開いた宇宙	＜1	負	擬球（ロバチェフスキー空間的）

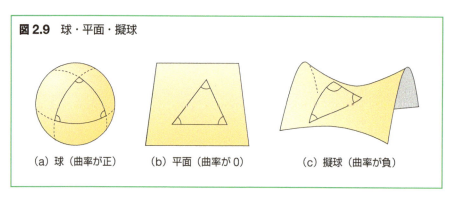

図2.9 球・平面・擬球

(a) 球（曲率が正）　　(b) 平面（曲率が0）　　(c) 擬球（曲率が負）

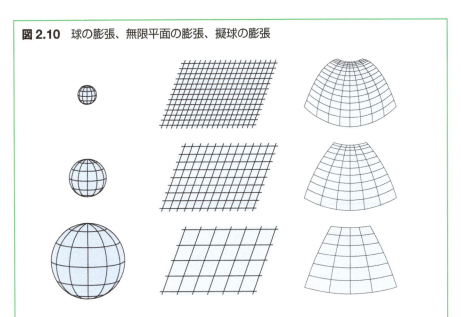

図 2.10 球の膨張、無限平面の膨張、擬球の膨張

球は有限、他は最初から無限であることに注意。膨張するとは、空間各点間の距離が時々刻々増大することをいう。

　これら2つ、閉じた宇宙と開いた宇宙の境目に、宇宙全体の物質・エネルギーの総量がある特定の臨界値になっているとき、宇宙全体は永遠に膨張を続けはするものの、宇宙膨張の速度は次第に0に近づき、かろうじて、膨張が収縮に転じずに済んでいる状態の宇宙が一つだけあります。このような宇宙は、幾何学的には平面形状で表現できるので、**平坦な宇宙**（flat universe）と呼ばれます。

　平坦な宇宙では、パラメータ Ω の値は1になります。というより、平坦な宇宙で Ω が1になるように、パラメータ Ω を定義してあります。

　アインシュタインの静止宇宙モデルは、不安定なモデルであるために、物理的な宇宙としては存在できません。一方、フリードマンやルメートルが見つけた膨張宇宙モデルは、理論的な欠陥はないものの、実在する宇宙を表しているかどうかの保証はありません。それを決めるのは観測です。幸いにして、時はまさに観測にとってドンピシャリの時代でした。いろいろなモデルが出揃った直後、宇宙が膨張している事実がたしかに観測されたのです。

2.3 ハッブルによる膨張宇宙の観測的検証

　遠方の宇宙に存在する銀河の系統的な運動を見いだして、理論的可能性に過ぎなかった宇宙の膨張を観測事実として実証したのが、こんにちハッブル宇宙望遠鏡にも名前を残すハッブルです。

法律家から天文学者に転身したハッブル

　エドウィン・ハッブル（1889〜1953）はアメリカの天文学者です。ハッブルはミズーリ州のマーシュフィールドに生まれ、若いころは優秀な生徒ではあったものの、勉学に勤しむというよりは、体操やボクシングなどのスポーツに熱中していたそうです。シカゴ大学に入学して数学や天文学そして哲学を学び、1910年にオクスフォード大学へ進学し法律学で修士号を得ています。帰国後、短期間、高校で教えたり弁護士をしましたが、科学の面白さが忘れられず、天文学の分野に戻って、シカゴ大学のヤーキス天文台で、1917年に博士号を取得しました。そして1919年、カーネギー財団が設立したカリフォルニアのウィルソン山天文台の台長ヘールから誘いを受けて、ウィルソン山天文台のスタッフとなり、終生、ウィルソン山天文台に在籍しました。

　ハッブルはウィルソン山天文台の60インチ（1.5 m）望遠鏡を使って、アンドロメダ銀河の星々を分解し距離を見積もり、アンドロメダ銀河が銀河系内の星雲ではなく、銀河系外の巨大なシステムであることを立証しました（1923年）。さらに1929年には、ウィルソン山に新しく設置された100インチ（2.5 m）望遠鏡を用いて、銀河の系統的な後退運動という、宇宙が膨張している証拠、有名なハッブルの法則を発見しています。その他、さまざまな銀河の形状を調べて銀河の形態分類を行い、やはり有名な**ハッブル分類**を提案しています。死の直前には、パロマー山に200インチ（5 m）ヘール望遠鏡が完成し、ハッブルが最初の利用者となりました。

遠ざかる銀河とハッブルの法則

　宇宙に無数の星々が存在していますが、それらの星々は一様均質に分布しているわけではなく、しばしば球状あるいは円盤状の大集団として存在

36 ｜ 第Ⅰ部　膨張宇宙像の確立

しています。このような数千億の星々や大量のガスやチリその他の物質が集まった大集団は、宇宙に無数に存在しており、**銀河**（galaxy）と呼んでいます。

　星一つひとつの明るさに比べて、星の大集団である銀河はかなり明るくなります。たとえば、典型的な銀河には星が1000億個あるので、典型的な銀河の明るさは星1個の明るさの1000億倍になります。そのため、銀河の光は非常に遠方でも観測することが可能になります。さらに銀河は宇宙全体にまんべんなく散らばっていると考えられています。そこで、宇宙全体の構造を調べるためには、星一つひとつの分布や運動ではなく、銀河の分布や運動の様子を調べればいいでしょう。そして多くの銀河の運動について調べていくと、驚くべき事実が明らかになってきたのです。銀河は遠ざかり、宇宙は膨張しているのです。

　まず、1910年代、遠方の銀河の性質を調べていたアリゾナ州ローウェル天文台のヴェスト・メルビン・スライファー（1875〜1969）は、1910年代に、つぎの事実に気づきました。

⑴　**遠方の銀河の大部分は赤方偏移を示す。**

　　ここで**赤方偏移**とは、天体から到来する光の波長が、もとの波長よりも長い方（すなわち赤い色の方）にずれて観測されることを呼びます。たとえば、星が地球から遠ざかっていれば、**ドップラー効果**によって、その星からの光は赤方偏移します。赤方偏移の大きさは星が遠ざかる速度に比例します。

　　銀河の光が赤方偏移しているということは、銀河の運動が原因だと考えるのが自然でしょう。そして赤い方にずれるということは、それらの銀河が銀河系から遠ざかっていることを意味しています。この銀河の遠ざかる速度を**後退速度**と呼んでいます。

　　もちろん中には例外もあって、たとえば近くのアンドロメダ銀河M31などは銀河系に近づいています。しかし、遠くの銀河はほぼすべて、銀河系から遠ざかるように運動しているというのが、最初の大きな事実でした。

　さらに1920年代初頭から、ウィルソン山天文台で銀河の距離や運動を調べていたエドウィン・ハッブルとミルトン・ヒューメイソン（1891〜1972）らは、スライファーの発見を詳しく数量化しました。彼らは遠方の

図2.11　ドップラー効果と赤方偏移

(a) ドップラー効果

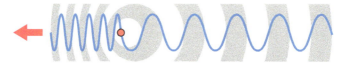

(b) 赤方偏移

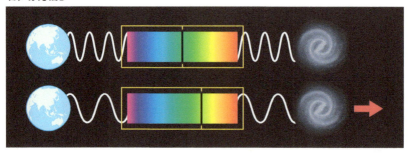

(a) 観測者に近づく物体が発する波の波長は短くずれて観測され、遠ざかる物体が発する波の波長は長くずれて観測される。ずれは速度に応じて変化する。(b) 光の波は、波長が長くなると赤い色の方にずれる。銀河が観測者から遠ざかると、ドップラー効果による赤方偏移として観測される。

18個の銀河について、銀河までの距離を測定し、距離と後退速度の関係を図に表したのです。そしてその結果、つぎの事実が新たに判明しました。
(2) **遠方の銀河ほど後退速度が大きい。**
(3) **そしてこれらの性質は方向によらない。**

　宇宙のどの方向を見ても、遠くの銀河はわれわれから遠ざかるように後退運動をしており、さらに遠方の銀河ほど後退速度が大きいというのです。これらの観測は、1929年、詳しい報告がなされました。
　これらの観測的事実は、宇宙空間の膨張を意味するもので、こんにち**ハッブルの法則**（Hubble law）と呼ばれています。

> **エビデンス　ハッブルの法則**
>
> 遠い銀河ほど後退速度が大きい、ということは、中学校で習う簡単

図 2.12　ハッブルの法則

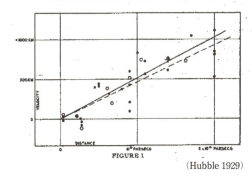

(Hubble 1929)　ハッブル

横軸は銀河の距離、縦軸は銀河の後退速度。

な比例式で表せます。地球から銀河までの距離を r、銀河の後退速度を v と置けば、この関係は、

$$v = Hr$$

という比例関係になります。この比例関係が**ハッブルの法則**（Hubble law）で、比例定数 H が**ハッブル定数**（Hubble constant）です。

スケール　ハッブル定数

　ハッブル定数は、一口で言えば、現在の宇宙の膨張速度を表しているものです。具体的には、現在の宇宙において、1 メガパーセク（326万光年）の彼方での銀河の後退速度（宇宙の膨張速度）がいくらかという値で表します。

　一番最初にハッブルが求めた値は、550 km/s/Mpc ぐらいでした。彼の時代には銀河までの距離の算出法に曖昧さが残っていたため、かなり大きな値が出てしまいましたが、そのことでハッブルの法則の重要性が失われるわけではありません。実際のところ、ハッブル定数の正確な値を求めることは非常に難しく、長年にわたって 2 倍程度の不確定さが残っていました。比較的正確な数値が求まりだしたのは、20世紀も終わりの 1998 年になってからです。

ハッブル定数の値は、ハッブル宇宙望遠鏡による遠方銀河の探査や Ia 型超新星の観測などから、まずは、

$H = 72 \pm 4$ km/s/Mpc（キロメートル毎秒毎メガパーセク）

ぐらいと絞られ、さらにその後、プランク衛星による精密測定から、

$H = 67.8 \pm 0.9$ km/s/Mpc（キロメートル毎秒毎メガパーセク）

という値に改訂されています。

この値の意味するところは、現在の宇宙では、1 メガパーセク（326 万光年）の彼方での宇宙の膨張速度が、だいたい 68 km/s だということです。宇宙の膨張というと、何か途轍もない現象のように思えますが、実際には、そんなに大きな速度ではありません。

> **ウォッチング**　# 動かない銀河〈神の視点から〉

宇宙（銀河系）の中で地球が特別な地位（たとえば中心）を占めていないというコペルニクス的宇宙観にしたがえば、宇宙全体の中で天の川銀河は特別な地位にはないと考えるべきでしょう。したがって、天の川銀河から観測してハッブルの法則が成り立つということは、他のあらゆる銀河から観測してもハッブルの法則は成り立つに違いありません。あらゆる銀河から観測してハッブルの法則が成り立つためには、あらゆる銀河間の距離が同時に広がっていなければならないのですが、これは固定した絶対空間の内部での個々の銀河の空間運動では決して説明できません。あらゆる銀河間の距離が同時に広がっていくためには、それらの銀河が存在する空間自体が膨張していなければならないのです。静止した空間の中で個々の銀河が飛び去るのではなく、銀河を含む宇宙空間そのものが膨張していなければならないのです。そして宇宙空間自体は膨張しているものの、個々の銀河はむしろ、個別なランダム運動は別にして、宇宙空間に対しては"静止"していると考えるべきなのです。銀河間の空間が膨張しているために、個々の銀河が飛び去っているように見えるだけなのです（**図 2.13**）。

ところで、アインシュタインは、フリードマンが膨張する宇宙という解を見つけたときには、最初は宇宙膨張に対しては懐疑的だったといわれて

図 2.13 風船の膨張と銀河

空間は膨張するが、銀河自体は空間に対して"静止"している。

います。その後、フリードマンの解を詳細に検討してたしかに膨張解が存在することを納得し、さらに、アメリカに行ったときに、ハッブル自身から銀河の後退運動の説明を受けて、やっと膨張宇宙に納得したそうです。

宇宙項が不要な膨張する宇宙という最終的な描像は、単純さを好むアインシュタイン自身にとっては嬉しいことであったでしょう。当時、アインシュタインはガモフに、"(宇宙項の導入は) 生涯で最大の失敗だった"と語ったとされます。しかし、現在では"宇宙項"は別の存在意義をもって復権しています。

スケール　密度パラメータ Ω

閉じた宇宙と開いた宇宙の境目である平坦な宇宙の物質密度——臨界密度——の値は、だいたい、

$$10^{-29} \text{ g/cm}^3$$

になります。宇宙に存在する物質の平均密度が 10^{-29} g/cm^3 より大きいと閉じた宇宙になり、小さいと開いた宇宙になる、などと言うこともできます。しかし、科学者も人間で、面倒なことはキライですし、計算間違いもします。そこで、実際の (想定している) 物質密度を臨界密度で割った値 Ω を用いるのです。

第**3**章

ビッグバンと 火の玉宇宙像

ハッブルによって宇宙が膨張していることが観測的に検証されたわけですが、その後すぐに、こんにちの宇宙像が確立したわけではありません。こんにちの標準モデルであるビッグバン宇宙論に対しては、定常宇宙論と呼ばれる強力な対立候補があったのです。ちょうど、コペルニクスの時代には地動説と天動説を観測的に検証できなかったように、20世紀の中葉まではビッグバン宇宙論と定常宇宙論を観測的に検証する術がありませんでした。新しい科学理論が生まれるときは、しばしば複数の対立理論が存在し、しばらくの間は激しく競合するものです。そしてそれら複数の仮説は実験や観測によって検証され、この世の実相と合わないものが棄却されていって、最後にたった一つの正しい理論が生き残るのです。ビッグバン宇宙論が観測によって検証され確立するまでにも、実に半世紀近い時間を要しました。

3.1 ガモフの火の玉宇宙とビッグバン宇宙モデル

宇宙が膨張しているなら、過去の宇宙はいまより小さかったでしょう。もしどんどん過去に遡れば宇宙はどんな状態だったのでしょうか。膨張宇宙の最初の状態に気づいたのがガモフでした。1948年のことです。

研究にも啓蒙活動にも尽力したガモフ

ジョージ・ガモフ（1904〜1968）はロシア生まれで、アメリカに帰化した物理学者です。ガモフは当時ロシアのオデッサに生まれ、サンクトペテルブルグで学びました。当時サンクトペテルブルグ大学にいたフリードマ

42 第Ⅰ部 膨張宇宙像の確立

ンに、彼が死ぬ前まで教えを受けています。コペンハーゲンやケンブリッジで物理学の研究をした後、ロシアで仕事をしていたのですが、ロシアの圧制がひどくなるにつれて亡命を考えるようになりました。そして、ブリュッセルで開催されたソルベー会議への出席を機に、妻と亡命を果たし、1934年には渡米しました。そして同年からジョージワシントン大学で職を得、アメリカで研究を続けます。

　ラルフ・アルファー（1921～2007）およびハンス・ベーテ（1906～2005）と共に、宇宙初期における元素生成について計算し、1948年、彼らの頭文字を取った、**αβγ理論**と呼ばれる有名な理論を提唱しました。この理論で、彼らは、宇宙初期に水素からヘリウムが合成されることを示したのです（5章）。また1956年には、炭素や窒素や酸素などの重元素が星の中心部で合成されることを示しました。宇宙初期の元素合成問題は膨張宇宙モデルにおいて非常に重要な業績です。しかし、むしろ、このαβγ理論の副産物に近い、ビッグバン理論の提唱者としてガモフは有名になりました。

　ちなみに、ガモフはジョーク好きでも知られています。そもそもαβγ理論では、著者の一人ベーテは計算などには参加していないのですが、"α（アルファー）、β（ベーテ）、γ（ガモフ）"という語呂合わせをするためだけに、ガモフが著者に引き込んだものです。また熱心な教育活動家としても知られ、すぐれた教科書や非常に工夫された多くの啓蒙書も出しています。

ガモフの火の玉宇宙

　ハッブルの法則の発見によって、膨張宇宙モデルの正しさが観測的に立証されました。さて、もし現在の宇宙空間が膨張しているのであれば、過去の宇宙は現在よりも小さかっただろうと考えられます。そして時計の針を逆回しにして過去に遡っていけば、宇宙はどんどん小さくなっていき、それとともに宇宙の体積も小さくなる（**図3.1**）ので、物質やエネルギーの密度は大きくなっていくでしょう（注意──宇宙が無限に広い場合は、天体間の距離は縮まり密度は高くなりますが、体積そのものは無限のままです）。同じように、過去に遡るほど、物質や放射の温度も高くなっていくでしょう。すなわち、宇宙の最初のころは、宇宙全体がきわめて高温で高

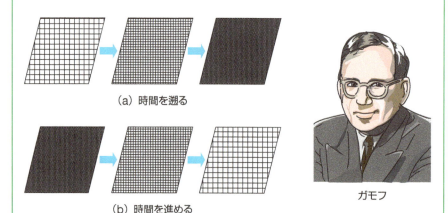

図 3.1 ビッグバン宇宙モデルでの宇宙膨張

(a) 時間を遡る

(b) 時間を進める

ガモフ

(a) もし宇宙が膨張しているのであれば、時計を巻き戻して時間を遡ると、過去の宇宙における空間各点間の距離は小さかった（メッシュの間隔が短かった）はずである。初期宇宙は高温で高密度の「火の玉宇宙」となっている。(b) 時計の針を戻し時間を進めると、空間各点間の距離（メッシュの間隔）が広がっていく。すなわち、宇宙は膨張している。

密度だったと想像できます。まさに超高温の**火の玉（ファイアボール）**状態だったのです。

あまりにも高温で高密度なため、あらゆる原子は電離し、さらには原子核さえバラバラになってしまって、宇宙の物質は陽子と中性子にまで分解されていたことでしょう。そのような陽子と中性子からなる原初の混合物に対し、ガモフはヘブライ語で原初物質を意味する「イーレム（ylem）」という名前を付けました。

そこで今度は、時計の針を通常の方向に回せば、宇宙はそのようなきわめて高温高密度の火の玉状態からスタートして、どんどん膨張していき、そして膨張とともに希薄になり温度が下がって現在にいたったと考えられます。

これがジョージ・ガモフが 1948 年に集約した**ビッグバン宇宙モデル**（Big Bang universe）の考え方です。このビッグバンは、時間と空間が誕生したときの時空そのものの"爆発"であって、すでに存在していた空間の中における通常の爆発とはまったく違うものなのです。またビッグバンとい

う名称からは急速な膨張をイメージしがちですが、前の章でみたように、実際の宇宙空間の膨張速度は、さほど大きなものではありません。

3.2 ホイルの定常宇宙論

　宇宙が有限の過去にはじまったという証拠がなかった時代には、アインシュタインの静止宇宙モデルもそうだったように、永遠不滅な宇宙の方がむしろ自然な考えでした。ただし、宇宙が膨張していることはハッブルの法則によって観測的に明らかになりました。そこで、膨張しつつも永遠不滅な宇宙を考えたのがホイルです。ガモフと同じく、1948年のことです。

物理学から SF まで活躍したホイル

　フレッド・ホイル（1915～2001）はイギリスの宇宙物理学者で、SF作家としても知られています。ホイルはヨークシャー州の小さな村に生まれました。ホイルは権威というものが嫌いでしたが、権威主義に反抗するのは幼少以来の常で、いわゆる登校拒否児童だったようです。ケンブリッジ大学へ入学する際にもそのような傾向が問題になっています。さらには後年、ケンブリッジ大学の教授であった1973年には、大学当局と衝突して、ケンブリッジ大学を辞職しています。

　ともあれ、ホイルは、ハーマン・ボンヂ（1919～2005）およびトマス・ゴールド（1920～2004）とともに、いわゆる定常宇宙論のモデルを構築し、ビッグバンモデルの発表と同じ1948年に発表しました。さらに1950年代には、ウィリアム・ファウラー（1911～1995）やジェフリー（1925～2010）とマーガレット（1919～）・バービッジ夫妻らと恒星内部における元素合成の計算を始め、1957年には彼らの頭文字を取ってB2FHと略される画期的な論文も出版しています。

　これら多くの業績によって、ホイルは英国天文学界の頂点まで登りつめ、ケンブリッジ大学に理論天文学研究所を創設して、1967年には初代所長におさまりました。そしてついには1972年、57歳でナイトに叙せられています。一方、同時に、ケンブリッジ大学のシステムとはついに相容れなくなり、1973年の辞職と相成ったわけです。

第3章　ビッグバンと火の玉宇宙像　45

その後しばらく、カリフォルニア工科大学やコーネル大学で働き、退職後は悠々自適の生活に入ったようです。たとえば、生命の起源の問題に取り組むようになり、生命が宇宙から飛来した可能性や、病原体が宇宙から飛来した可能性などを、おそらく楽しく楽しく研究したことでしょう。

なお、ホイルはSF作家としても多作で、科学的素養に裏打ちされる一方でストーリィも優れたSFを多く残しています。有名なものには、太陽系に飛来した暗黒星雲が実は生命体だったという『暗黒星雲』(1957年)、当初はTVシリーズで放映されたもので、アンドロメダ方向から届いた電波信号にしたがって機械を作ると何かが生まれてきた『アンドロメダのA』(1962年)、その続編『アンドロメダ突破』(1965年)、そして時間・次元SFの傑作『10月1日では遅すぎる』(1966年) などがあります。SF以外にも多数の教科書や啓蒙書を執筆しています。ガモフなどもそうでしたが、優秀な研究者は同時に優秀な科学解説者や教育者であることが少なくないですね。

ホイルの定常宇宙論

宇宙が有限の過去に一点からスタートし膨張し続けているというビッグバン宇宙モデルに対して、ホイルらが提唱した**定常宇宙モデル**（steady state universe）とは、以下のようなものです。

まず、ビッグバン宇宙モデルでは、

(1) 宇宙は全体として一様である

(2) 宇宙はどの方向を眺めても等方的にみえる

という2つの仮定を置きましたが、定常宇宙モデルでは、さらに、

(3) 宇宙は無限の過去から永劫の未来にわたって同じようにみえる

という3つ目の仮定を置きます。そして、仮定(1)と仮定(2)を併せたものを宇宙原理と呼んだのに対し、仮定(1)から(3)までを合わせたものを**完全宇宙原理**と呼びます。

アインシュタインの静止宇宙モデルでも宇宙の姿は変化しませんが、アインシュタインのモデルは静止したモデルだったのに対し、ホイルらの定常宇宙モデルでは、宇宙はちゃんと"膨張"しています。当時、すでに、ハッブルの法則は確立しており、銀河が遠ざかっているという観測事実自体を否定することはできません。だから時間が経つと共に特定の銀河間の

距離が次第に離れ、空間の体積が増していくことは、ホイルたちも認めていたのです。ただし、彼らは、同時に、宇宙は無限の過去から続いていて、時間が経っても、その姿が同じようにみえると考えました。

　宇宙が膨張しているという事実と、時間的にその姿が変わらないという考えを両立させるのは、一見、不可能にみえます。というのも、膨張して体積が増えれば、ふつうは密度が希薄になっていきます。たとえば、同じ体積内の銀河の個数なども減っていくので、時間と共に、宇宙の様子が変わっていくはずです。そこでホイルらは、その帳尻を合わせるため、物質の密度が一定に保たれるように、膨張して密度が希薄になった分を埋め合わせるだけ、宇宙空間に物質が無から生じると考えました。そして、無から現れた物質によって、新しい星や新しい銀河が作られていき、宇宙の姿はいつも変わらないとしたのです（**図 3.2**）。またそのような空間の性質を、創造（creation）の頭文字を取って、**C 場**（C-field）と呼びました（**図 3.3**）。

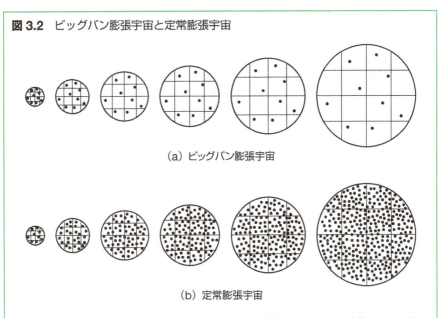

図 3.2　ビッグバン膨張宇宙と定常膨張宇宙

(a) ビッグバン膨張宇宙

(b) 定常膨張宇宙

(a) ビッグバン膨張宇宙では、宇宙の膨張に応じて物質密度がしだいに希薄になる。(b) 定常膨張宇宙では、宇宙が膨張しても物質密度が一定に保たれるように、物質が無から生じると考えられた。

図 3.3　C 場を入れたアインシュタイン方程式

$$R^{\mu\nu} - \frac{1}{2}g^{\mu\nu}R + \Lambda g^{\mu\nu} = \frac{8\pi G}{c^4}\left[T^{\mu\nu} - f\left(C^{\mu}C^{\nu} - \frac{1}{4}g^{\mu\nu}C^{\alpha}C_{\alpha}\right)\right]$$

スケール　C 場物質生成率

　もし、無から物質が生まれてくるなら、観測や実験で検証できそうな気がします。ところが、宇宙の姿が変わらず見えるために、一体どれくらいの量が生じる必要があるかを具体的に計算してみると、これが思いの外に少ないのです。すなわち 1 cm^3 の体積あたり、50 億年に 1 個の割合で水素原子が生じるだけで足りるのです。これはとても観測や測定ができる量ではありません。

　一方、現代宇宙論を含む現代の自然科学がよって立つ大前提として、質量保存則やエネルギー保存則などと、因果律などがあります。科学者は通常、質量やエネルギーが無から生まれることはないと信じています。もちろん、ホイルらとて、質量保存やエネルギー保存の法則は重々承知しています。しかし、宇宙が永遠不滅に存続するという、科学的というより、むしろ、哲学的命題を成り立たせるためには、無から物質を湧き出させるしか方法がなかったのでしょう。

　また、観測的には、当時の状況では、ビッグバン宇宙モデルと定常宇宙モデルのどちらが正しいかを検証することは不可能でした。先にも触れたように、この状況は、プトレマイオスの天動説とコペルニクスの地動説が対立したときと似ています。科学とはしばしば、このような対立する仮説が真っ向からぶつかり合って、お互いに切磋琢磨し、理論が深まりあいながら、新しい実験事実や観測事実によって、どちらかの仮説が棄却されるということを繰り返してきたのです。

　こんにちでは、ホイルらの定常宇宙論は完全に棄却されてしまったのですが、ビッグバン宇宙論の発展にとって、ビッグバン宇宙論と対立する理論として、定常宇宙論が果たした役割は非常に大きいものがあったのは間

違いありません。

　ちなみに、"ビッグバン"というわかりやすい名前の名付け親は、実はフレッド・ホイルなのです。ホイルが、1948年のラジオのインタビューや1950年に出版した本の中で、ガモフの火の玉モデルを揶揄して付けた呼び名が実は"ビッグバン"だったのです。定常宇宙論はやがて棄却され、嘲った呼び名の"ビッグバン"が残ったのも、歴史の皮肉というものでしょうか。

3.3 マイクロ波宇宙背景放射の発見

　有限の過去をもつビッグバン膨張宇宙モデルの正しさを立証し、永遠に姿を変えない定常宇宙モデルを棄却した観測事実が、ペンジアスとウィルソンの発見したビッグバン火の玉の残照でした。1965年の、いわゆる3K宇宙背景放射の発見です。

アーノ・ペンジアスとロバート・ウィルソン

　アーノ・ペンジアス（1933〜）はアメリカの宇宙物理学者です。ペンジアスはドイツのミュンヘンで生まれたのですが、ナチスドイツの迫害を逃れて、幼少時に両親や家族とともに渡米し、ニューヨークで学校教育を受けました。移民として苦労したものの、1954年にニューヨーク市立大学を卒業しています。物理学の面白さに目覚め、1956年にはコロンビア大学放射線研究所の研究員として、電波天文学に関する研究を行いました。1961年に学位を取得すると、ベル研究所へ就職し、有名なホーンアンテナで研究を行うことになります。まもなくカリフォルニア工科大学からウィルソンも加わり、1963年には共同研究が始まりました。

　ロバート・ウィルソン（1936〜）はアメリカの天文学者です。ウィルソンはテキサス生まれで、1957年にライス大学を卒業し、カリフォルニア工科大学の大学院へ進みます。1962年に学位を得ると、同年、ベル研究所へ就職しました。

　ペンジアスとウィルソンは、3K宇宙背景放射の発見により1978年のノーベル物理学賞を受賞しました。

第3章　ビッグバンと火の玉宇宙像　49

電波天文学と電波望遠鏡

　宇宙においては、星間空間の冷たいガス雲や超新星爆発の残骸、さらには彼方の銀河やクェーサーなど、さまざまな天体が電波を放射しています。電波領域では通常の可視光での観測とは大きく異なる情報が得られ、電波領域で宇宙を観測する分野を**電波天文学**と呼んでいます（**図3.4**）。

　可視光も電波も、その正体は同じ「電磁波」であり、波長が異なるだけです（**図3.5**）。しかし、可視光領域での天体観測の歴史は、肉眼による何千年もの歴史はもちろん、ガリレオの時代に発明された望遠鏡による観測でさえ400年の歴史があるのに対し、電波天文学の歴史はまだ非常に短く90年もありません。1931年、当時、ベル電話会社で無線通信を妨げる空電現象（大気中の電波雑音）を研究していたカール・ジャンスキー（1905～1950）が、偶然に、天の川銀河中心方向から放射された電波を捉えたときに、電波天文学は始まりました。

図3.4　電波天文学

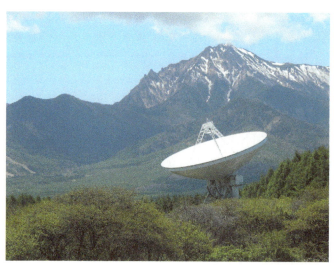

（提供　国立天文台）

日本における代表的な電波天文学の研究拠点、国立天文台野辺山の45 m電波望遠鏡。

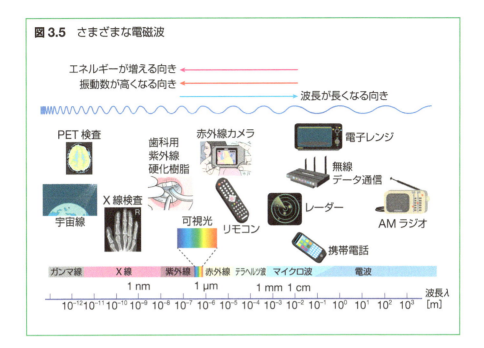

図 3.5　さまざまな電磁波

3K 宇宙背景放射

　ジャンスキーの銀河電波の発見から 30 年ほど経って、同じく、ベル電話研究所に所属していたペンジアスとウィルソンは、波長 7.35 cm（周波数 4080 MHz）の電波の一種であるマイクロ波領域で、銀河系から発せられる電波のいろいろな方向での強度を測定しようとしていました。ところで、電波領域では、大気中で発生した雷などや、受信装置自体が発したり、さまざまな原因で雑音電波が発生して、通信の邪魔になります。彼らも例によって雑音に悩まされていました。ペンジアスとウィルソンはさまざまな原因を丹念に調べて、雑音原因の大半を突き止めることができたのですが、どうしても雑音の 1% ほどが原因不明のまま残ります。たった 1% ほどなら、通常は誤差範囲として無視するところでしょう。しかし、その原因不明の 1% を無視しなかったことが、彼らの素晴らしい業績につながったのです。

　さて、彼らが原因不明の雑音電波をよく調べてみると、いくつかの不思議な性質がわかってきました。

⑴　アンテナをどの方向に向けても雑音の強さが変わらない

　　このことは、問題の雑音電波は、特定の天体とか特定の領域からやっ
てくるのではないことを意味しています。雑音電波は宇宙のあらゆる方
向からやって来るのです。

⑵　昼夜による違いや四季による違いがない

　　このことは、問題の雑音電波は、地球周辺や太陽系内の原因によるも
のでもないことを意味します。雑音電波の原因はもっともっと遠くにあ
るのです。

　すなわち、この雑音電波は、宇宙全体のあらゆる方向から同じ強度でやっ
てくるものなのです。これが**マイクロ波宇宙背景放射**（microwave
background radiation）の発見でした。

　現在の宇宙のあらゆる空間には、非常に低エネルギーの光子（マイクロ
波放射）が充満しています。このマイクロ波放射は、場所による偏りがな
く（一様）、また方向による偏りもありません（等方）。まさにアインシュ
タインの宇宙原理を体現している現象なのです。そして放射スペクトル（波
長ごとの電波強度）は絶対温度で 3 K（正確には 2.728 K）の黒体放射ス
ペクトルに非常に近いことがわかっています。それらのことから、このマ
イクロ波宇宙背景放射のことを**3K宇宙背景放射**（3K background
radiation）とも呼びます。

　では、なぜ、一見些細に思えるような弱い宇宙電波の発見が、ビッグバ
ン宇宙モデルに軍配を上げる決定打となるのでしょうか。ビッグバン宇宙
モデルでは、宇宙のごく初期は非常に高温で高密度の状態であり、そこは
定常宇宙論と大きく異なる点です。しかし、高温高密度であったのは宇宙
のはるかな過去であり、確認作業はなかなか難しいものです。マイクロ波
宇宙背景放射が過去を見せてくれたのです。

　物体を高温に熱すると光り出すように、高温に熱せられた物体は黒体放
射（熱放射）を出します。たとえば表面温度が 6000 K もある太陽は主に
可視光を中心とした熱放射を出しています。別に高温でなくても、ある温
度をもった物体は、それぞれの温度に対応する熱放射をしています（**図
3.6**）。体温が摂氏約 36 度（絶対温度で約 310 K）程度のヒトも、赤外線
を中心とした熱放射を出しているので、赤外線写真（サーモグラフィー）
で光って見えます。さまざまな波長の放射をとらえることにより、さまざ

52　第I部　膨張宇宙像の確立

図 3.6　熱放射の例

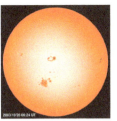
（SOHO [ESA & NASA]）
太陽光球表面
約 6000 K
可視光にピーク

白熱電球のフィラメント
約 3000 K
可視光にピーク

ヒトの体表面
約 310 K
紫外線にピーク

ある温度をもった物体は、その温度に対応する波長分布で熱放射をしている。太陽表面や白熱電球のフィラメントが光るのも、ヒトの体表面がサーモグラフィーでとらえられる赤外線を放つのも、同じ原理である。

図 3.7　いろいろな電磁波で眺めた天の川（NASA）

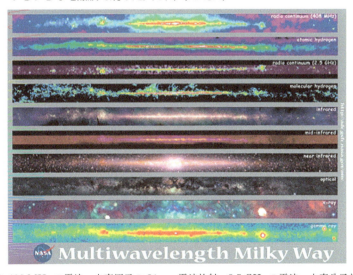

上から 408 MHz の電波、水素原子の 21 cm 電波放射、2.5 GHz の電波、水素分子線、赤外線、中間赤外線、近赤外線、可視光、X 線、ガンマ線。なお、熱放射ではない電磁波も図に含まれている。

第3章　ビッグバンと火の玉宇宙像　53

まな情報が得られます（**図 3.7**）。

　さて、ビッグバン宇宙の初期は高温高密度だったので、その温度に応じた熱放射の光で満ち溢れていたと考えられます。この初期の光は 3000 度もの温度に相当する黒体放射スペクトルの光でした。赤っぽい色の可視光が中心の熱放射だったでしょう。この光（光子）は宇宙が膨張するとともに、膨張する空間の中を進んでいくことになります（晴れ上がりについては 6 章で）。光は波の一種なので、光が伝播する空間自体が伸び拡がっていくと、光の波長も伸びていくことになります。そしてそれらの光が生まれた宇宙初期から、だいたい 1000 倍ほど膨張したこんにちの宇宙では、これらの宇宙初期の光は、波長が 1000 倍ほど伸びたマイクロ波になってしまったのです。

> ### ウォッチング　光子の旅
>
> 　3K 宇宙背景放射の光子は、宇宙がいまより 1000 分の 1 ぐらいの大きさで、温度が 3000 K ぐらいだったときに生まれました。光子と共に膨張する宇宙空間の旅をしてみましょう。
>
> 　光子は波の一種なので、波の山と山あるいは谷と谷の間隔に相当する波長をもっています。宇宙の温度が 3000 K だったとき、3000 K の熱放射のスペクトルには、波長の短い光子も長い光子もさまざまな波長の光子が含まれていました。ただし、熱放射のスペクトルは、温度に応じた特定の波長でピークをもつ形になっていて、3000 K の熱放射の場合、だいたい 1 µm 付近、可視光の赤色から少し赤外線に入ったあたりにピークがあります。したがって、このころもっとも数が多かったのは 1 µm ぐらいの波長をもった光子でした。
>
> 　では、当時の波長 1 µm の光子からなる 1 m の長さの光線になってみましょう。この光線が宇宙空間を旅していく間も宇宙は絶えず膨張していきます。空間が伸びるとともに、最初の光線の長さも伸びていき、宇宙が 10 倍に拡がれば 10 m に、100 倍になれば 100 m に、そして 1000 倍になれば 1000 m にまで伸びていきます。しかし光線に含まれる波の数はずっと変わらないので（いまの例では、1 m ÷ 1 µm ＝ 100 万個）、一つの波の長さ、すなわち波長が伸びることになり

ます。

そして、生まれた当時に 1 μm の波長だった光は、宇宙が 1000 倍に膨張した現在では 1 μm × 1000 倍 ＝ 1 mm にまで波長が伸び、マイクロ波となってしまったのです。

現在の宇宙全体にマイクロ波光子が満ちているということは、ビッグバン膨張宇宙モデルで宇宙初期が光り輝いていたことで説明できますが、定常宇宙論では説明できない観測事実でした。

ちなみに、ペンジアスとウィルソンの発見以前にも、ビッグバン宇宙論を提唱したガモフや、ビッグバン宇宙論を研究していたディッケらは、ビッグバンの残照である低エネルギーの光子が宇宙全体に満ちていると予想していました。一方、それらの予想を知らなかったペンジアスとウィルソンが、偶然に 3K 宇宙背景放射を発見し、ノーベル賞をもらったというのも、歴史の運命でしょうか。

エビデンス 3K 宇宙背景放射のスペクトル

　ペンジアスとウィルソンの発見以降、3K 宇宙背景放射の観測は続き、マイクロ波の波長以外でのスペクトルや、一様性および等方性などが詳しく調べられてきました。そして、現在では、3K 宇宙背景放射が全天で一様で等方で黒体放射スペクトルになっていることは非常によい精度で確かめられています。

　まず、いろいろな紆余曲折を経て、1989 年に宇宙背景放射探査衛星 COBE（Cosmic Background Explorer）が打ち上げられました。この COBE 衛星の重要な成果の一つが、3K 宇宙背景放射の精密なスペクトルです。ピークの部分を含む領域でマイクロ波の放射強度を精密に測定し、たしかにほぼ厳密な 2.728 K の黒体放射スペクトルになっていると確かめたのです（**図 3.8**）。実は、宇宙中のどこを探しても、これほどまでに黒体に近いスペクトルを見つけることは至難の業です。太陽のような星々にせよ、人間にせよ、暖かい物質は熱放射を出していますが、いろいろな理由で完全な黒体放射スペクトルからずれています。このような綺麗な黒体放射スペクトルが得られて、ビッグバン

第3章　ビッグバンと火の玉宇宙像　55

図 3.8 COBE 衛星の得た 3K 宇宙背景放射のスペクトル

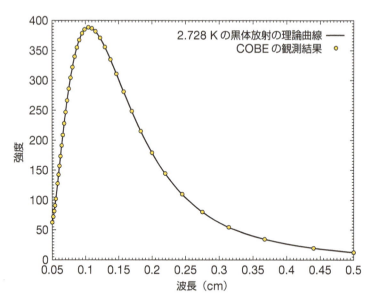

ほぼ 1 mm の波長にピークをもち、ピークより長波長・低振動数領域（レイリー・ジーンズ領域）ではべき乗でゆっくりと減少し、短波長・高振動数領域（ウィーン領域）では指数的に急激に減少している。

の火の玉はほぼ完全に実証されたのです。

エビデンス　3K 宇宙背景放射の一様性と等方性

　また COBE 衛星のもう一つの大きな成果が、宇宙背景放射の等方性の確認とゆらぎの発見でした。
　地球から天界を眺めたとき、奥行き方向の情報は圧縮され、無限の彼方にある仮想的な球面――**天球**（celestial sphere）――に天体が貼り付いたようにみえます。そして、球状の地球の表面を変形し平面上に引き延ばして地図にするように、球状の天球を裏側からみた眺めを平面上に引き延ばして"宇宙全体地図"を作成することができます。
　図 3.9a は COBE 衛星の得た 3K 宇宙背景放射の全天マップです。この図は天球の裏側を楕円形に引き伸ばしています。このような図で

図 3.9 COBE 衛星がマイクロ波で撮影した 3K 宇宙背景放射の全天マップ

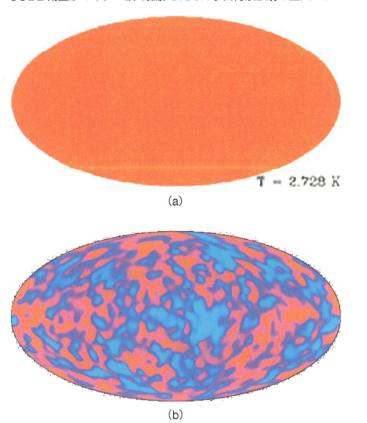

(a) 球状の地球表面を楕円上に投影した世界地図のように、球状の全天を楕円上に投影している。(b) 平均からのずれをプロットした図。局所的なムラムラ（ゆらぎ）が表現されている。

は、楕円の中央で左右に伸びる上下の対称軸（赤道）を、われわれの銀河系、すなわち天の川とするのがふつうです（銀河座標というものになっています）。楕円の真ん中が天の川銀河の中心方向（いて座方向）で、一方、楕円の左端と右端は同じ方向で、天の川銀河の中心とは反対方向（ぎょしゃ座方向）になります。楕円の上端は銀河面の北方向で、下端は南方向です。類似の地球地図でいえば、天の川が赤道で、上端と下端がそれぞれ北極と南極に対応するものです。

さて、**図 3.9a** はそのような楕円を単に塗りつぶしたようにしか見えませんが、このことは、宇宙背景放射の強度が全天のどの方向をみても一定一様で、絶対温度で約 2.7 度の黒体放射になっていることを表しているのです。あらゆる方向から同じ強さでやってくる同じ温度の放射であり、宇宙初期の高温火の玉が冷えた残照なのです。だから、やや粗い精度で見れば、マイクロ波で眺めた宇宙は、図のように、まったく一様で等方的でのっぺりとして見えるのです。まさにアインシュタインの仮定した（宇宙が一様で等方的であるという）宇宙原理が成り立っている姿なのです。

3K 宇宙背景放射のゆらぎ（異方性の発見）

　ところで、宇宙が一様で等方だという宇宙原理は、ビッグバン宇宙モデルにとっては必要な原理です。ただし、宇宙原理はあくまでも大域的に成り立つべき原理であって、局所的には若干のムラムラ（ゆらぎ）があっても構いません。実際、現在の宇宙には星や銀河や銀河団などの複雑な構造ができていて、局所的には宇宙は一様でも等方でもありません。銀河や銀河団のスケールを超えた大域的なスケールで宇宙原理が成り立っているのです。

　同じことは、3K 宇宙背景放射が生まれた初期の宇宙にも言えます。すなわち、3K 宇宙背景放射は大域的には一様だとしても、局所的には、現在の星や銀河のタネとなるべきムラムラがわずかにあったはずなのです。事実、COBE 衛星のデータを詳細に解析し、平均からのわずかなズレをプロットしてみると、たしかに局所的なムラムラが現れてきました（**図 3.9b**）。ズレの大きさは平均値（温度換算で約 3 K）に対して約 10 万分の 1 という非常に小さなものでした（温度換算で約 10 μK）。

　図で見えているのは、2.728 K（平均）からの 10 万分の 1 程度のずれで、3K 宇宙背景放射 "そのもの" に内在する〈ゆらぎ〉成分です。3K 宇宙背景放射に、強度比で 10 万分の 1 程度の非常にわずかなものとはいえ、わずかに強い領域や弱い領域があることを意味しています。COBE 衛星は分解能があまりよくなかったので、強い領域の "面積" はまだピンボケになっています（つぎの WMAP 参照）。ただし、COBE 衛星の段階で重要なの

は、強度比の方でした。宇宙背景放射は完璧に一様ではなく、わずかなものではあるが、たしかに現在の宇宙構造のタネであるムラムラが存在することを COBE 衛星は実証したのです。COBE 衛星の成果に対しては、中心となったジョン・マザー（1946～）とジョージ・スムート（1945～）に対して、2006 年度のノーベル物理学賞が与えられています。

WMAP 衛星による異方性の探求

　COBE 衛星は角度（空間的広がり）方向の分解能が悪くて、ムラムラの大きさの解像度は低いものでした。そこで 2001 年、分解能の高い観測をするため、あらたにウィルキンソン・マイクロ波異方性探査衛星／WMAP（Wilkinson Microwave Anisotropy Probe）衛星が打ち上げられました。

　この WMAP 衛星は、地球周回軌道や太陽周回軌道ではなく、天文衛星としてははじめて、太陽 − 地球系の第 2 ラグランジュ点に投入されました（**図 3.10**）。ラグランジュ点というのは 2 体の天体周辺における力学的な安定点で、第 1 から第 5 まで 5 つあります。太陽と地球という 2 体の天体周辺の第 2 ラグランジュ点は、太陽と地球を結ぶ直線上で、地球から見て太

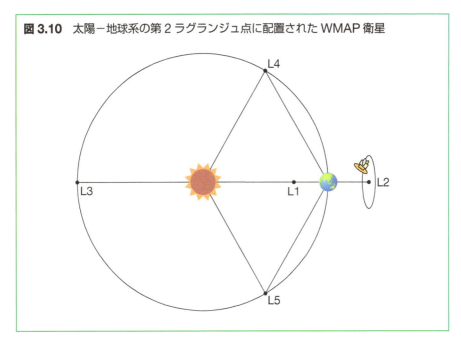

図 3.10　太陽−地球系の第 2 ラグランジュ点に配置された WMAP 衛星

陽と反対側、距離約 160 万 km の宙域にあります。この第 2 ラグランジュ点は、地球周回軌道に比べて十分遠方にあるために、地球からの電波雑音の影響が少なくなります。また常に、太陽電池パネルを太陽方向に向け、反対側に望遠鏡を向けて、太陽と反対側の天空を観測することができるので、効率もよく太陽からの電波雑音も少なくなります。この地球近傍ではもっとも暗くて静かな場所から、WMAP 衛星は 3K 宇宙背景放射の精密観測を行ったのです。その結果、きわめて高精度でムラムラ（ゆらぎ）が検出され、2003 年に発表されました（**図 3.11**）。

　WMAP 衛星で得られた結果でも、ゆらぎの"強さ"が 10 万分の 1 程度だという点は COBE 衛星の結果と変わりません。しかし、ゆらぎの見かけの"サイズ"が非常に細かくなっている点に注意してください。COBE 衛星の角度分解能は 7 度ほどでしたが、WMAP 衛星では 13 分角にまでよくなりました。デジカメなどの画素数にたとえると、COBE 衛星では 6000 画素だったものが、WMAP 衛星では 300 万画素になったことに相当します。7 度角の分解能しかない COBE ではわかりませんでしたが、高精度の WMAP では 2 度角ぐらいのボツボツがたくさんあるのがわかります。

　ムラムラ（ゆらぎ）がここまで細かく分解できると、宇宙初期のゆらぎ

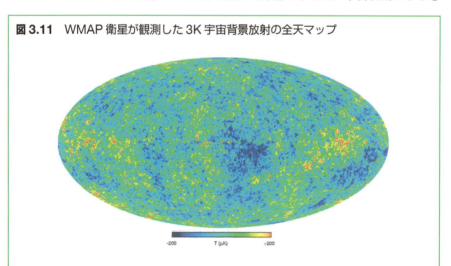

図 3.11　WMAP 衛星が観測した 3K 宇宙背景放射の全天マップ

平均からのムラムラ（ゆらぎ）が非常に微細になっている。このときは宇宙の年齢が 137 億年ほどであることがわかった。　　　　　　　　　　　　　　　　　　　（NASA）

の統計的解析が可能になります。すなわち、観測されたデータからゆらぎの分布パターンを割り出して、宇宙論モデルから予測される分布パターンと比較することで、宇宙論における基本パラメータを絞り込むことができるようになったのです。

　精密解析から得られた重要な結果の一つは、宇宙の内容物の総量です。宇宙の内容物の総量は、2章で述べたように、密度パラメータ Ω で表され、1を基準として、Ω が1より大きければ閉じた宇宙、小さければ開いた宇宙となります。従来のいろいろな観測からも Ω は1程度だと推定されてはいましたが、WMAP 衛星の測定によって、たしかに、誤差4％ぐらいで、

$$\Omega = \Omega_m + \Omega_\Lambda = 1$$

程度であることが確証されました。宇宙の幾何学的構造は平坦だったのです。またこの確証によって、$\Omega = 1$ を予言するインフレーション理論も実証されたといってよいでしょう（4章で後述）。

　もう一つの重要な結果が、宇宙の年齢です。宇宙の年齢は、従来は、100億年程度から150億年ぐらいの範囲とかなり幅がありましたしかし WMAP 衛星の結果、誤差2％程度（2億年程度）の誤差で、

宇宙年齢 ＝ 137 億歳

と絞られたのです（後述するプランク衛星の成果で多少修正）。

　最後に、ハッブル定数の値があります。ハッブル宇宙望遠鏡による遠方銀河の探査や Ia 型超新星の観測などから、ハッブル定数の値は、72 km/s/Mpc 程度まで絞り込まれていましたが、この値を WMAP 衛星は誤差5％程度で追認しました。

プランク衛星による究極の探求

　そして 2009 年、より精度の高い観測を行うため、プランク（Planck）衛星が打ち上げられました。1年あまりの観測を経て発表された結果は、おおむね、従来の結果を精度よく確認するものでしたが、同時に、ムラムラの非対称性や偏り分布なども見つかり、3K宇宙背景放射に関する議論が残りそうです。

　プランク衛星による高精度の観測によって、宇宙に関する定数が更新され、

宇宙年齢 ＝ 138 億歳

第3章　ビッグバンと火の玉宇宙像　｜　61

図 3.12 プランク衛星が観測した 3K 宇宙背景放射の全天マップ

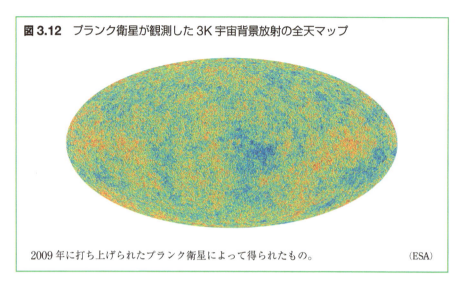

2009 年に打ち上げられたプランク衛星によって得られたもの。　　　　　　（ESA）

と、従来の値より 1 億年ほどですが長くなりました。またハッブル定数は、
$$H = 67.8\,\mathrm{km/s/Mpc}$$
と従来の 72 km/s/Mpc より 6% ほど小さくなりました。ダークマターやダークエネルギーの割合についても、若干の変更がありました。プランク衛星のデータはまだ現在も解析が続いています。

An Illustrated Guide to the Birth of the Universe

第II部

宇宙の誕生と進化

　第Ⅰ部では現代的な膨張宇宙像の基本概念を紹介しました。すなわち、宇宙の誕生と進化という壮大な物語の骨組みを概説したものです。この第Ⅱ部では、その骨組みに詳細な肉付けをしていきましょう。ビッグバンの一番のはじまりには、まずそもそも宇宙（時空）の誕生という出来事がありました。引き続き、こんにちの宇宙を構成している物質と、物質の間に働く4つの力の誕生という大事件が起こりました。物質の誕生に続いて、水素やヘリウムなどの軽元素が合成され、宇宙全体に満ちていた高温で光り輝くプラズマ（電離ガス）が、宇宙膨張と共に冷えて、光に対して透明な原子状態のガス（中性ガス）へ移行する現象が生じました。その後、数億年の暗黒時代を経て、星々や銀河が生まれ、現在の宇宙の姿に近づいていきました。星の内部で重元素が合成され、宇宙空間にリサイクルされて、固体物質や生命の材料も揃っていきます。そして宇宙が誕生して約90億年後、太陽と太陽系が形成され、間もなく地球生命が発生したと考えられています。この第Ⅱ部では、これら宇宙の誕生と初期宇宙の物語を詳しく紹介していきます。

第4章 インフレーションと時空の誕生

　現代のビッグバン標準モデルにおいて、宇宙（時空）は138億年前に高温で高密度の状態からはじまり、その後、膨張を続けて現在に至っています。宇宙が有限の過去にはじまったのなら、そのはじまりの前はどうなっていたのでしょうか。あるいは、はじまり自体は、どのようにはじまったのでしょうか。アインシュタインの一般相対論は時空の進化を取り扱いますが、時空そのものの誕生や、さらには時空の前などは扱えません。宇宙の誕生は長らく大きな謎でしたが、ミクロな世界を扱う量子力学とマクロな時空を扱う相対性理論が手を結ぶことによって、20世紀末ぐらいから、宇宙開闢についての量子論的な議論がなされるようになりました。

4.1 時空誕生直後のインフレーション膨張期

　1965年の3K宇宙背景放射の発見以降、ビッグバン膨張宇宙像が確立する一方、シンプルなビッグバン宇宙モデルにはいくつかの深刻な問題点が指摘されていました。いわゆる、地平線問題、平坦性問題、そして特異点問題です。まず、地平線問題と平坦性問題、そしてそれらを一挙に解決したインフレーション宇宙モデルから説明します。

地平線問題

　膨張宇宙モデルでは、宇宙は一様で等方だと仮定しました（宇宙原理）。実際、観測的にも、宇宙初期の火の玉の残照である3K宇宙背景放射は、ゆらぎ成分を除いて、宇宙のどの方向でも同じであり、宇宙原理は観測的にも成り立っているようにみえます。

64　第Ⅱ部　宇宙の誕生と進化

さて、現在の宇宙の年齢は約138億年です。現在の宇宙の実際の大きさがどれくらいかは別にして、138億年より昔の光は決して地球に到達できないので、現在観測できるのは、138億年 × 光速 = 138億光年ぐらいの範囲です。この観測可能な宇宙の範囲——現在は約138億光年——を宇宙の**地平線**（horizon）と呼びます（**図4.1**）。3K宇宙背景放射が一様だということは、138億光年におよぶ現在の宇宙の地平線内部が一様だということを意味しています。ところが従来のビッグバン宇宙モデルでは、このようなことは原理的に起こりえないのです。

3K宇宙背景放射が生まれたのは、宇宙が誕生してだいたい40万年ぐらいのときだと考えられています（詳しくは6章）。したがって、当時の宇宙の地平線の拡がりは約40万光年ぐらいになります。すなわち、当時の観測可能な宇宙は約40万光年ほどで、それは同時に、光で到達できる宇宙の範囲でもあったわけです。そして、観測可能な40万光年より遠方の宇宙がどうなっているかを知ることは原理的に不可能なわけです。これが地平線（ホライズン）の意味です。

光が到達できる地平線の内部では、同時に光を使って情報のやり取りできます。その結果、地平線の内部——当時は約40万光年——では、宇宙誕生時に物質分布などが一様でなくても、情報をそして物質やエネルギー

図4.1 宇宙の地平線

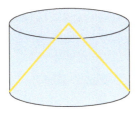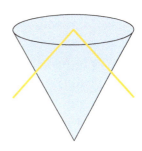

縦軸が時間軸（下が過去で上が未来）、横方向が空間方向。光速は有限なので、遠方ほど過去の宇宙の姿を見ることになる。（左）膨張していない宇宙であれば、138億光年遠方の宇宙がちょうど138億年前の姿となる。（右）実際には宇宙は膨張しているので、現在の宇宙で138億光年の広がりは過去の宇宙ではもっと小さいものであり、そこからの光も138億年より手前に出たものになっている。逆に言えば、138億年前に見えているはずの宇宙は、現在の宇宙では138億光年よりはるかに拡がっている。

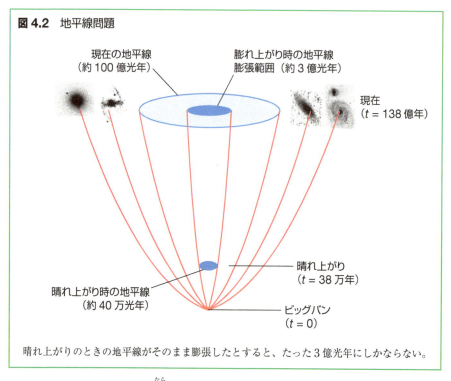

図 4.2 地平線問題

晴れ上がりのときの地平線がそのまま膨張したとすると、たった3億光年にしかならない。

を移動させて一様に均(なら)すことが可能になります。しかし地平線の外部とは原理的にそのようなことはできません。したがって、地平線の内部と外部で宇宙が一様だという保証はまったくないのです。

ここで問題なのは、ビッグバン宇宙モデルの場合、40万年当時の観測可能な宇宙の地平線――約40万光年――を膨張させていくと、現在の宇宙では、3億光年程度にしかならないことでした（**図4.2**）。だから現在の宇宙でも、約3億光年の範囲内で宇宙が一様なのは不思議ではありません。しかし、40万年当時に約40万光年より広い範囲が一様だという保証はなかったので、現在の宇宙でも、約3億光年より広い範囲が一様だという保証はありません。ところが、観測的には、現在の宇宙では、138億光年もの範囲の宇宙が一様に均されているように見えるのです。これがビッグバン宇宙モデルの**地平線問題**（horizon problem）です。

平坦性問題

　ビッグバン膨張宇宙モデルについて、もう一つ不可思議なのは、その膨張の仕方でした。フリードマンの膨張宇宙モデル（宇宙定数 $\Lambda = 0$）には、開いた宇宙（$\Omega < 1$）と平坦な宇宙（$\Omega = 1$）と閉じた宇宙（$\Omega > 1$）の3つのタイプがありました。この3つのタイプを決める密度パラメータ Ω は、宇宙に存在する物質・エネルギーの量を表していました（同時に、宇宙空間の曲がり具合や、宇宙膨張の初速度にも関係しています）。ところで、宇宙にどれだけの物質・エネルギーが存在するかについては、ビッグバン宇宙モデルからは決められません。宇宙に存在する物質・エネルギーの量は、いわゆる**初期条件**と呼ばれるもので、モデルを解く際に外部から与えないといけないパラメータ条件になります（だからこそ、密度パラメータと呼ばれます）。すなわち、ビッグバン膨張宇宙モデルでは、理論的にはパラメータ Ω の値はいくらでもよいのです（図4.3）。

　ところが観測が進んでくると、密度パラメータ Ω の値はなぜだかピッタリ1ぐらいになっていることが明らかになってきました。これは、観測的には宇宙が平坦であることを意味しています。どんな値でもいいはずの中、偶然にちょうど1という値が選ばれることはありえそうにないですね。な

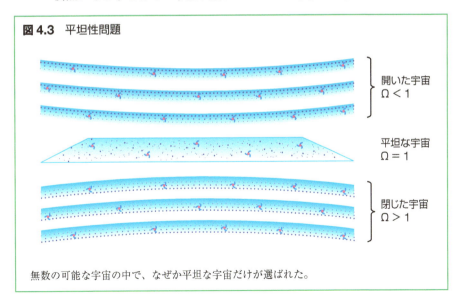

図4.3 平坦性問題

開いた宇宙 $\Omega < 1$

平坦な宇宙 $\Omega = 1$

閉じた宇宙 $\Omega > 1$

無数の可能な宇宙の中で、なぜか平坦な宇宙だけが選ばれた。

ぜに Ω が1なのか。これがビッグバン宇宙モデルの**平坦性問題**（flatness problem）です。

1981年、地平線問題と平坦性問題を解決する新しいモデルを提唱したのが、佐藤勝彦とアラン・グースでした。佐藤とグースは、宇宙開闢時には、ビッグバン宇宙膨張どころではない桁違いなスケールで、時空が急激な膨張を起こしたのだろうと考えました。

佐藤勝彦とグース

佐藤勝彦（1945〜）は香川県出身の宇宙物理学者です。1968年に京都大学理学部を卒業し、そのまま大学院へ進学して、1974年に博士号を取得しました。佐藤は大学院時代から超新星に関する研究を中心に行っていて、最初は宇宙論は専門ではなかったのです。1977年に京都大学物理学教室の助手になり、1979年には招かれてコペンハーゲンのニールス・ボーア研究所に滞在して、そこではじめて宇宙論の問題を深く考察することになりました。そしてそれが、1981年のインフレーションモデルへと繋がります。帰国後、1982年には東京大学理学部の助教授として赴任しました。現在は東京大学名誉教授です。

アラン・グース（Alan Guth；1947〜）はアメリカの宇宙論学者です。グースはニュージャージー州生まれで、佐藤と同年の1968年にマサチューセッツ工科大学を卒業し、そのまま大学院へ進学して、1971年に博士号を取得しました。その後、10年近く、ポスドクとしてプリンストン大学など主要大学を渡り歩き、素粒子物理学や宇宙論の研究を行っています。1980年に准教授として古巣のマサチューセッツ工科大学へ戻り、その後、教授になりました。

インフレーション宇宙モデル

ビッグバンによる宇宙膨張は、3章でもみたように比較的ゆるやかなものですが、現在の宇宙論では、ビッグバン膨張期の前にインフレーション膨張期と呼ばれるものがあったと考えられています。すなわち宇宙誕生直後、プランク時間と呼ばれる 10^{-44} 秒ほどの非常に短い時間ぐらいに、宇宙は指数関数的に大きくなる急激な膨張をして、引き続きビッグバンに移行し、いわゆるビッグバン膨張宇宙になったのだと考えられています（現

在では、10^{-38} から 10^{-26} 秒ぐらい）。この宇宙開闢時の指数関数的で急激な膨張が**インフレーション**（inflation）で、そのような急激膨張する宇宙（時代）を**インフレーション宇宙**（inflationary universe）と呼んでいます。

ビッグバン膨張期とインフレーション膨張期では、どちらも宇宙は時間とともに大きくなるのですが、宇宙の膨張の仕方が極端に異なっています（**図 4.4**）。ビッグバン膨張期では、宇宙の大きさは時間の 1/2 乗とか 2/3 乗といった関数になっていて、宇宙は比較的ゆっくりと膨張します。したがって時間が 100 倍に増えても、宇宙の大きさは数十倍程度にしか増えません。しかしインフレーション膨張期には、宇宙の大きさは時間の指数関数になっていて、宇宙は短時間の間に文字通り桁違いに大きくなります。このような指数的な増加をする場合、たとえば、時間が 100 倍経つと、宇宙の大きさは 10 の 40 乗とか 60 乗とかいう桁で大きくなるのです。

先に述べたように、インフレーションモデルが提唱された当時、ビッグバンモデルには、地平線問題と平坦性問題という 2 つの深刻な問題点が指摘されていました。インフレーション宇宙モデルは、それらの問題点を一挙に解決しました。

インフレーション宇宙モデルでは、宇宙のごく初期にインフレーションが起こったと考えます。宇宙のごく初期には、信号が伝わって一様になり

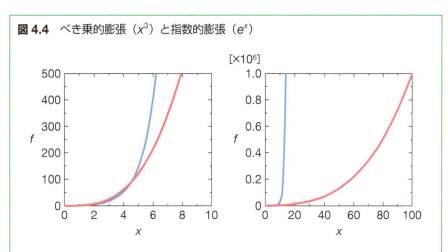

図 4.4 べき乗的膨張（x^3）と指数的膨張（e^x）

最初はべき乗的膨張（赤線）の方が大きい場合も、すぐに抜かれて、指数的膨張（青線）がはるかに大きくなる。

うる地平線領域も非常に小さかったのですが（10^{-25} cm ほど）、インフレーションによる急激な膨張によって一挙に引き延ばされ、宇宙の晴れ上がりの時期には 40 万光年よりもはるかに大きくなったのです。その結果、ビッグバンでゆるやかに膨張した現在でも、一様な領域は現在の宇宙の地平線よりも十分に大きくなれるのです。こうして、地平線問題は解決されました（図 4.5）。

またインフレーション宇宙モデルでは、平坦性問題についても自然に説明できます。すなわち宇宙が急激に膨張するということは、風船のゴム膜を無理矢理引き延ばしたようなもので、風船表面の曲がり具合すなわち宇宙の曲率など気にならないぐらい平らになってしまうのです。その結果、密度パラメータ Ω もきわめて 1 に近くなることが可能になります。こうして平坦性問題も解決されました（図 4.6）。

こうして、インフレーション宇宙モデルは、ビッグバン宇宙モデルが内包していた深刻な問題を解決することができましたが、同時に新たな謎を引き起こしたのです。そもそもどうして宇宙開闢直後に急激な膨張が起こったのでしょう。その原因は何なのでしょうか。

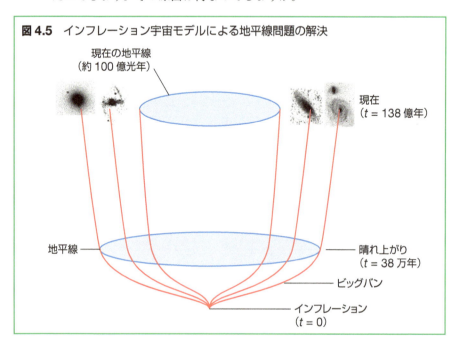

図 4.5 インフレーション宇宙モデルによる地平線問題の解決

図 4.6 インフレーション宇宙モデルによる平坦性問題の解決

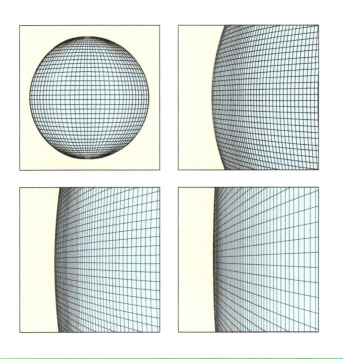

スケール プランクスケール

　現代物理学（量子力学）の考え方では、時間や空間そしてエネルギーなどは連続的な物理量ではなく、非常にミクロなスケールでは飛び飛び（離散的）だと信じられています。時間の最小スケールを**プランク時間**（Planck time）、空間の最小スケールを**プランク長さ**（Planck length）などと呼び、これらを**プランクスケール**（Planck scale）と総称します。時空間はプランクスケールのメッシュで織り上げられた不確定な織物で、つねにゆらいでおり、プランクスケールでは因果律さえ成り立っていないでしょう。このような時空の構造に対しては、相対論の基礎定数である光速度 c と万有引力定数 G、そして量子論の基礎定数であるプランク定数 h が関係しているはずです。したがって、G と c と h を組み合わせた物理量は、時空そのものを表す量になるで

しょう。

　具体的に、G と c と h を組み合わせて長さの単位（m や k m の個別の単位によらないので、一般的に**次元**といいます）をもつ量を作ってみると、唯一、

$$l_p = \sqrt{\frac{Gh}{c^3}}$$

のみが長さの次元になります。これがプランク長さです。同様に、

$$t_p = \sqrt{\frac{Gh}{c^5}}$$

のみが時間の次元をもつ量になります。これがプランク時間です。

　具体的な数値を入れてみると、

$$l_p = \sqrt{\frac{Gh}{c^3}} = \sqrt{\frac{6.67 \times 10^{-11} \times 6.63 \times 10^{-34}}{(3 \times 10^8)^3}}$$

$$\cong 4.0 \times 10^{-34} \,[\text{m}]$$

$$t_p = \sqrt{\frac{6.67 \times 10^{-11} \times 6.63 \times 10^{-34}}{(3 \times 10^8)^5}}$$

$$= 1.3 \times 10^{-43} \,[\text{s}]$$

が得られるでしょう。

　光は1プランク時間で1プランク長さ進むことがわかります！

真空の相転移

　実は、インフレーションの原因については、さまざまなモデルが提唱され乱立・発展して、現在でも混沌としており、未解決の大問題として残されています。ここでは最初に提案されたモデルで、いまでは単純すぎることがわかっていますが、比較的わかりやすい一次相転移モデルについて、簡単に説明しておきましょう。

　一次相転移モデルでは、宇宙がインフレーション的膨張をした原因は、宇宙空間（真空）の相転移に伴う、真空の潜在エネルギーだと考えます。

　ここで**相転移**（phase transition）というのは、たとえば身近な現象だと、水が温度によって、高温の水蒸気・常温の水・低温の氷などにわかれ

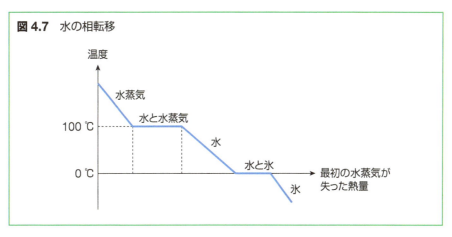

図 4.7 水の相転移

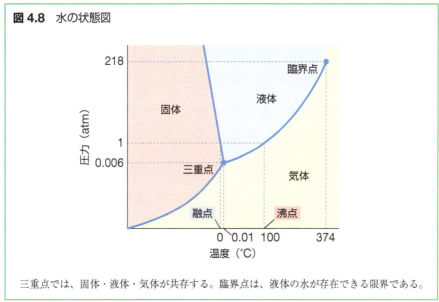

図 4.8 水の状態図

三重点では、固体・液体・気体が共存する。臨界点は、液体の水が存在できる限界である。

るような現象を意味しています。温度が下がって水が氷になるときには、いわゆる**潜熱**を外部に放出します。逆に、氷を水にするには、外から熱を加えて溶かさなければなりません。このように（高温の）水という相が、（低温の）氷という相に転移――相転移――する際には、その相転移に伴って潜在的なエネルギー（潜熱）が放出されます（**図 4.7**）。これと似たような現象が宇宙（真空）にも起こったと考えるのです（**図 4.8**、**図 4.9**）。

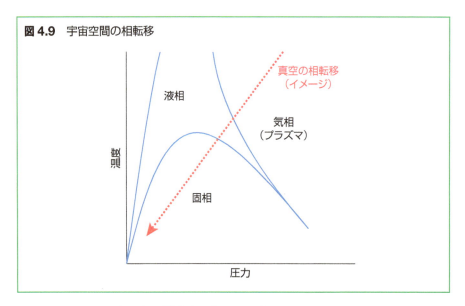

図 4.9　宇宙空間の相転移

　では、そもそも、**真空**とは何でしょうか。
　普通のイメージだと、"真空"とは文字どおり何もない空虚な空間のことでしょう。しかし、相対論と並んで現代物理学の柱である量子論では、"真空"は何もないカラッポの状態ではなく、量子的にゆらいでいると考えられています。つまり、物理学的な真空では、電子と陽電子、陽子と反陽子など、粒子と反粒子が生成消滅を繰り返しているのです（**図 4.10**）。何もないところから粒子対が生じるということは、現代物理学の金科玉条であるエネルギー保存の法則が破れるように思えます。実際、エネルギー保存の法則は一瞬だけ破れているのですが、量子力学の基本原理の一つであるハイゼンベルグの不確定性原理によって、粒子対のエネルギーに反比例する非常に短い時間内であれば、エネルギー保存の法則が破れても構わないのです。そして、一瞬後には粒子対は消滅して存在しなくなるので、帳尻はあっています。粒子対が存在するのはほんの一瞬なので、物理の神様も"お目こぼし"をしてくれるのでしょう。このような一瞬だけ存在して観測もできない粒子のことを**仮想粒子**と呼びます。
　しかし、いくら物理の神様がお目こぼしをしてくれるとはいっても、何もない空っぽの"古典的真空"と、仮想粒子対が生成・消滅を繰り返す"量子的真空"とはあきらかに異なったものです。具体的には、何もない古典

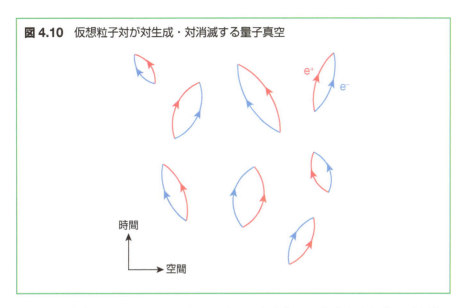

図 4.10 仮想粒子対が対生成・対消滅する量子真空

的真空はエネルギー的にも 0 ですが、仮想粒子が生成消滅を繰り返す量子的真空はエネルギー的には 0 ではなくなります。物理学的な真空はある種のエネルギー、すなわち**真空エネルギー**（vacuum energy）をもつことになるのです。

さて、量子真空がエネルギーをもつ結果、水が温度によって高温の水蒸気・常温の水・低温の氷などに分かれるように、真空にもそのエネルギー状態によって、高温相の真空・低温相の真空などが可能になります。

宇宙のごく初期は、宇宙空間全体は高温相の真空と呼ばれる状態にあり、現在の（低温相の）真空よりも高いエネルギー状態になっていたと考えます。その高いエネルギーによって急激な膨張——インフレーション——を引き起こすのです。さらに宇宙全体の急激な断熱膨張によって温度が下がり、真空は高温相の真空から、現在の低温相の真空に転移したのです（**図4.11**）。この真空の状態の変化を、水蒸気から水に変化することを相転移と呼ぶのになぞらえて、**真空の相転移**（phase transition of vacuum）と呼びます。また水蒸気が水に相転移するときには、いわゆる潜熱を外部に放出するように、高温真空が（現在の）低温真空に相転移するときにも潜熱が放出され、その結果、宇宙の温度が上昇して熱い火の玉となりました。それがビッグバンなのです。

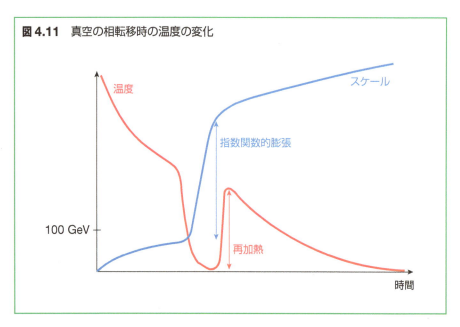

図4.11 真空の相転移時の温度の変化

　なお、このような量子真空の重要性にはじめて気づいたのは、ロシア人物理学者のヤコフ・ゼルドヴィッチ（1914〜1987）でした。彼は、1960年代末、真空エネルギー密度の値を見積もり、また真空エネルギーが宇宙項と等価であることに気づいています。当時はそのような認識を当てはめるべき現象——インフレーション宇宙——がまだ考えられていませんでしたが。

　インフレーション宇宙モデルは、佐藤やグースらのオリジナルな1981年モデル（旧モデル）では完全ではないことがわかっています。その結果、インフレーションモデルには多数の改良版が提案されています。初期モデルの次に提案されたのが、ロシアのリンデやアルブレヒトとスタインハートによる「ニューインフレーション」(1982年)、続いて、リンデの「カオティックインフレーション」(1983年)、ヴィレンキンやリンデの「トポロジカルインフレーション」(1994年)、リンデの「ハイブリッドインフレーション」(1994年) などなど。現在でも改良や発展は続いています。

図 4.12 泡立つ真空

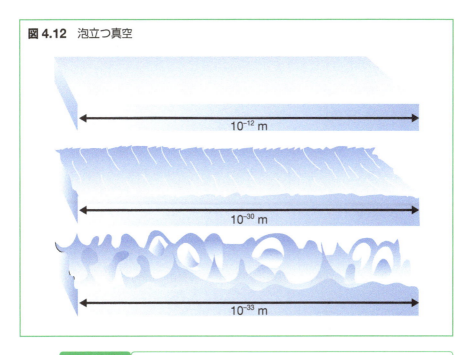

> ウォッチング　**泡立つ真空**
>
> 　物質がまったく存在しない空間（真空）をどんどん拡大して見ていくことができたとしましょう。10^{-5} cm；何もない平坦で空虚な空間のようにみえます。10^{-10} cm；同上。10^{-15} cm；同上。10^{-20} cm；同上。10^{-25} cm；同上。10^{-30} cm；これぐらいまで拡大すれば、何かざわめいた様子が感じられるかもしれません。10^{-33} cm；真空はもはや平坦でも空虚にもみえません。空間自体が、ゆらいだり、曲がったり、泡だったように見えますが、その見え方自体がゆらいでおり、あらゆるものが根本的に不確実で不確定になっているでしょう。

4.2　時空の誕生時の特異性と虚時間の宇宙

　ビッグバン宇宙モデルに対する、もう一つの大きな問題は、宇宙最初の特異性の問題です。ビッグバン膨張宇宙では、過去に遡って宇宙がどんど

ん小さくなると、物質・エネルギー密度はどんどん高くなるでしょう。さらに、いまから約138億年前の宇宙開闢時には、宇宙のスケール（宇宙の大きさそのものではありません）は0となり、物質・エネルギー密度は無限大になるでしょう（図4.13）。

特異性問題

実際、ビッグバン宇宙モデルを適用すれば、たしかに、時刻0で宇宙の大きさスケールが0になったり密度などの物理量が無限大になったりします。物理量の発散が起こるので、この最初の"一点"を**特異点**（singularity）と呼びます。そして、一般相対論の枠組みでは、ブラックホールの中心や宇宙の最初で必ず特異点が生じることを数学的に厳密に証明したのが、ロジャー・ペンローズ（1931～）とスティーヴン・ホーキング（1942～2018）の**特異点定理**（Singularity Theorems）です（1966年～1970年あたり）。

この時刻0における特異性の出現は、数学的には正しいとしても、無限大の出現は自然界ではあってはならないと考えられています。自然界における特異性の存在が一般的に禁じられていると証明されているわけではありません。しかし、物理量が発散するという事態は、物理的には決して起こって欲しくない事態であることは間違いありません。宇宙最初の特異性も非常に困る事態で、これが**特異性問題**（singularity problem）です。

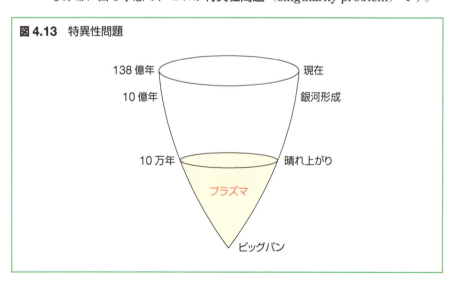

図4.13　特異性問題

実際、物理現象を記述する数学的モデルで特異点が生じた場合、たいていは、特異点が生じて無限大が出てくる前に、何か別の物理過程が働いて、発散が回避されます。たとえば、音波の伝播では、波動の非線形性によって波の突っ立ちが起こったとき、非線形性が無限大に発散する前に、衝撃波となって発散が抑えられます。星間雲の球対称重力収縮では、数学的には有限の自由落下時間で一点に収縮してしまいますが、実際にはガスの圧力が働いたりガスが不透明になったりして、ガス雲の収縮は有限の半径でストップします。宇宙の最初やブラックホール中心の特異性も、何らかの方法で回避できるのでしょうが、ことは相対論的重力と量子力学の双方にまたがる問題だけに、それほど簡単ではないのです。

宇宙最初の特異性を回避する方法はいくつか提案されています。ホーキングは空間的な性質をもつ虚時間を用いることで、宇宙最初の特異性を解消することに成功しました。

難病と闘いながら理論物理に貢献したホーキング

スティーヴン・ホーキング（1942～2018）はイギリスの理論物理学者で、"車椅子の天才"としても知られています。ホーキングは第二次世界大戦中に家族がロンドンから疎開していたオクスフォードで生まれました。1957年にオクスフォード大学へ入学し、数学を専攻したかったのですが、結局、物理学を専攻することになりました。オクスフォード大学を卒業後、当初はオクスフォード大学で天文学を専攻しようと考えたのですが、観測にはあまり興味がもてずに、理論的な研究が行いたくて、1962年にはケンブリッジ大学の大学院へ進学し、理論天文学と宇宙論に進むことになります。大学時代はボート部に所属していたぐらいですが、大学院進学後、「筋萎縮性側索硬化症」と呼ばれる神経系の難病にかかっていることがわかりました。病気の進行にもかかわらず、研究生活も家庭生活も両立させて、宇宙論分野でさまざまな業績を挙げています。たとえば、1965年には、ペンローズと共同で、ビッグバン宇宙の最初には特異点が避けられないことを証明した「特異点定理」を発表しました。また1974年には、ブラックホール時空に対して量子論を適用した結果、ブラックホールがエネルギーを放射して蒸発することを示しました。この現象は、ホーキングがはじめて指摘したわけではないですが、現在では「ホーキング放射」と呼ばれて

第4章　インフレーションと時空の誕生　79

います。これらの業績により、1979年には、ケンブリッジ大学のルーカス教授職に就任しています。その後、1983年には、ジェームズ・ハートルと共著で、特異点定理を覆す「無境界仮説」を発表しました。また1991年には、現代の世界にタイムトラベラーが現れていないことの原因として「時間順序保護仮説」を提唱しました。晩年の2016年には、ケンタウルス座アルファ星へレーザー推進方式の小型探査機を送り込む「ブレイクスルー・スターショット計画」を立ち上げましたが、惜しくも2018年3月に76歳で亡くなりました。

虚時間の宇宙と無境界仮説

宇宙最初の特異性を回避する方法の一つが、ハートルとホーキングが1983年に提唱した**虚時間**（imaginary time）の概念を用いた**無境界仮説**（no boundary proposal）です。

虚時間は抽象的でわかりにくい概念ですが、実数で計る通常の実時間に対して、虚数で計る時間を意味しています。通常の実時間を用いて宇宙の最初まで遡ると、宇宙の最初では実時間は途切れ、特異点が生じてしまいます。しかし虚時間は、実時間と異なって、空間のように振る舞うことがわかっています。そして宇宙のごく初期、10^{-44}秒ぐらいにきわめて初期には、時間は実時間ではなく虚時間になっていると考えるのです。そうすると、その時期には、時間的な方向というものが存在しなくなり、したがって、"境界"も存在しなくなります（だから「無境界仮説」と呼ばれます）。虚時間を用いれば、"時間がはじまる前"という問いかけ自体が無意味になるのです。

より具体的には、時間1次元 ＋ 空間3次元の4次元ド・ジッター宇宙と虚時間1次元 ＋ 空間3次元の4次元超球を、時刻 $t = 0$ で接ぎ木したようなものになります。もっとも、4次元や5次元を視覚的に表現するのは無理なので、以下では空間の次元を2つ落として、時間1次元（たとえば t）と空間1次元（たとえば r）の2次元宇宙を考えてみましょう。そして、その2次元膨張宇宙を、もう一つ次元の多い3次元超空間に埋め込んだ形で表示してみましょう。

まず、ド・ジッター宇宙というのは、オランダのド・ジッター（1872〜1934）が1917年に発見したアインシュタイン方程式の解で、物質や通常

80 | 第Ⅱ部 宇宙の誕生と進化

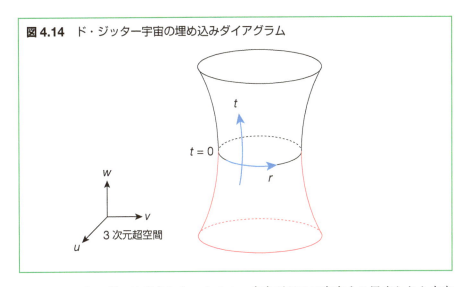

図 4.14 ド・ジッター宇宙の埋め込みダイアグラム

のエネルギーは存在しないものの、宇宙項だけは存在する風変わりな宇宙です。ド・ジッター宇宙は、無限の大きさで無限の過去から収縮を始め、時刻 $t = 0$ で最小の大きさになり、ふたたび無限に膨張していくという双曲線正弦関数（sinh）的な振る舞いを示します。そして、5次元ミンコフスキー空間内の4次元超一葉双曲面で表現されるのですが、図では3次元ミンコフスキー空間内の2次元一葉双曲面で表されています。

この回転一葉双曲面の表面そのものが実際の宇宙に対応していて、時間軸は下方から上方へ、空間軸 r は円周方向へ張られています（**図 4.14**）。そしてド・ジッター宇宙においては、時刻 $t = 0$ で、宇宙のサイズすなわち円周方向の長さは最小になっています。

つぎに、4次元超球ですが、時間と空間が対称にみえないのは、時空計量の符号が異なっているためで、実時間 t に垂直方向の軸として虚時間（虚数時間）τ（$= it$）を用いれば、時間は空間のように振る舞います。そして、5次元ミンコフスキー空間（時間軸は虚時間にしたので、正確には、5次元ユークリッド空間と呼ぶべきでしょう）内の虚時間と通常の3次元空間からなる4次元超球は、3次元ミンコフスキー空間内の虚時間1次元と空間1次元からなる球面で表されます（**図 4.15**）。

この超球においては、虚時間 $\tau = 0$ で、宇宙のサイズは最大になります。もっとも虚時間の考え方では、そもそも空間座標と時間座標は同じ物

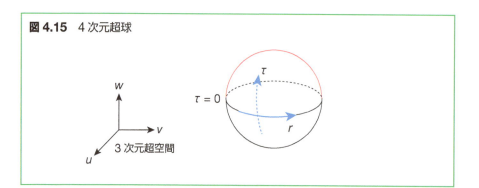

図 4.15　4次元超球

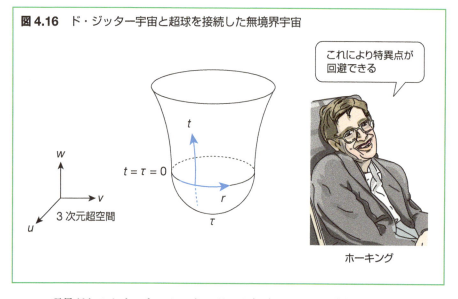

図 4.16　ド・ジッター宇宙と超球を接続した無境界宇宙

これにより特異点が回避できる

ホーキング

理量だとみなすべきでしょう。だから超球の上での"（時間的）方向"というものはありません。超球の上ではどこにも"境界"は存在しないのです。虚時間を用いれば、"時間がはじまる前"という問いかけ自体が無意味になります。

　ホーキングらの考えた虚時間の宇宙は、ド・ジッター宇宙の上半分と虚時間超球の下半分とを、時刻 $t = \tau = 0$ で糊づけしたものです（図 4.16）。

　彼らの考えは、提案当初は注目を浴びたものの、実時間と虚時間という2つの時間が存在することなど物理的な問題を抱えており、それ以上の研究は進んでいないようです。

4.3 はじまりの前と無からの宇宙の創生

現在はまだ完成された量子重力理論はないので、宇宙の創生について、その物理過程を完全に解明することはできない状況です。しかし、いくつかのアイデアはあります。たとえば、有名なものが、ビレンキンが1984年に唱えた**無からの宇宙の創生**（creation of the Universe from nothing）でしょう。

ビレンキン

アレキサンダー・ビレンキン（1949～）はロシア出身の宇宙論学者です。ビレンキンは1971年に旧ソ連で大学を卒業しました。その後、1976年にアメリカへ移住し、バッファロー大学で学位を取得しました。最近ではファーストネームを英語風にアレックス（Alex）と綴っているようです。タフツ大学の物理学教授であり、またタフツ大学宇宙論研究所の所長もしています。

波動関数とトンネル効果

無から生まれた宇宙へ進む準備として、まずは、波動関数とトンネル効果について、先に説明しておきましょう。

ミクロな世界を記述する量子力学では、素粒子は波のような性質をもち、波動関数と呼ばれる量で表現されます。この波動関数は、その言葉通り、ある種の波を表すものです。実在する波ではありませんが、イメージとしては、水の波や音波や電磁波など古典的な波を思い浮かべてもらって構わないでしょう。ただし、正弦関数や指数関数で表される古典的な波に対し、波動関数は複素数の関数になっており、その絶対値の2乗が素粒子の存在確率に比例するという性質をもっています。量子力学では、粒子の存在は確率的に表されるのです（**図 4.17**）。

また、通常の波と同様に、波動関数も時空を伝わっていきますが、それはこの波動関数で表された素粒子が時空を伝播することに相当しています。一方、ギターの弦や管楽器の内部で波が定在的に振動するように、ポテンシャルが存在すると、波動関数はポテンシャルの障壁に閉じ込められるこ

図 4.17 素粒子（電子）は波動関数で表される

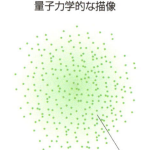

波動関数という量の絶対値の2乗をとると、電子の存在確率が表される（定数倍の不定性がある）。

図 4.18 井戸型ポテンシャル内での波動関数の振る舞い

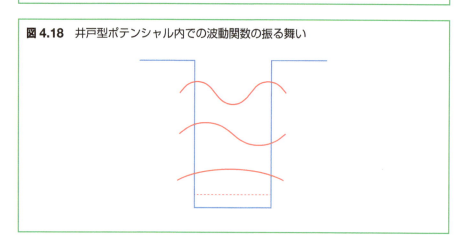

ともあります。たとえば、いわゆる井戸型ポテンシャルの場合、図のようなものになります（**図 4.18**）。

井戸型ポテンシャルの中で波動関数の振る舞いを考えると、これも古典的なイメージでよくて、波はポテンシャルの壁で固定端（節）となるように振動します。その結果、振動の腹が一つだけの基本振動と腹が複数ある

図 4.19 原子核のポテンシャルとトンネル効果

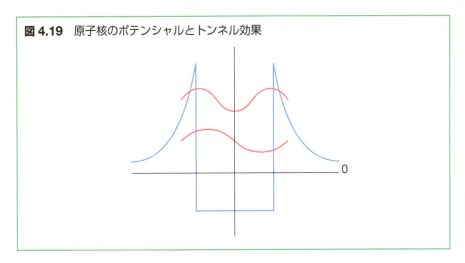

倍振動（ハーモニックス）だけが可能になります。したがって、どんな波長の波も許されるわけではなく、ポテンシャルの長さを半波長とする波（基本振動）と、1波長とする波、1.5波長とする波のように、とびとびの状態だけが許されることになります。

さらに、ポテンシャルが井戸型ではなく、ポテンシャルの高さが有限で壁の厚みも有限だと、いわゆる**トンネル効果**（tunneling）が起こります（**図4.19**）。古典的な粒子だと、粒子のエネルギーがポテンシャルの高さよりも低い場合、いくら壁の厚みが薄くても壁を抜けることはできません。しかし、波動関数で記述される粒子は、波の性質をもつために、有限の確率でもって壁を乗り越えることができるのです。ポテンシャルの内部では粒子は波動的に存在し、壁の部分ではその存在確率は指数的に減少するのですが、壁の外部ではふたたび波動的に存在できることになります。これがトンネル効果と呼ばれるものです。どれだけの確率で通り抜けられるかは、井戸内での振動解、障壁内での減衰解、外部での波動解をもとめ、それらを境界で接続することにより、定量的に定めることができます。

トンネル効果によって無から生まれた宇宙

ビレンキンが唱えたのは、誕生前にはある種のポテンシャル障壁内に閉じこめられた量子的存在であった宇宙の波動関数が、トンネル効果によってポテンシャルの壁を乗り越え、無の状態から一挙に有の状態へ顕在化し

たという仮説でした。

無から生まれた宇宙

　宇宙のごく初期、プランク時間という 10^{-44} 秒ぐらいのきわめてごく初期には、宇宙の大きさはプランク長さと呼ばれる 10^{-33} cm ほどの素粒子のサイズしかなく、量子力学的な性質が顕著に現れてきます。その端的なものが、宇宙全体が不確かで確率的な存在になり、宇宙はその存在確率を表す波動関数のように振る舞うことです。

　この宇宙の波動関数が図のようなポテンシャルに閉じ込められていたとします（**図 4.20**）。宇宙の最初（図の原点）では、宇宙のポテンシャルエネルギーは 0 で宇宙の大きさも 0 でした（ただし、量子力学的には、つねに"ゆらぎ"があります）。一方、図のようなポテンシャルだと、ポテンシャルエネルギーは 0 だが有限の大きさの状態もあります（横軸の 1 の場所；具体的にはプランク長さ ＝ 10^{-33} cm）。またポテンシャルの壁が有限の高さしかないと、いわゆるトンネル効果も可能になります。そして宇宙はある確率でもって、大きさ 0 の状態からプランク長さの状態まで、トンネル効果で創生されることになります（**図 4.21**）。トンネル効果で通り抜ける確率は、非常に小さいものの、0 ではありません。そして 0 でない確率をもつ事象は、いつかはどこかで起こりえます。もっとも、宇宙が生ま

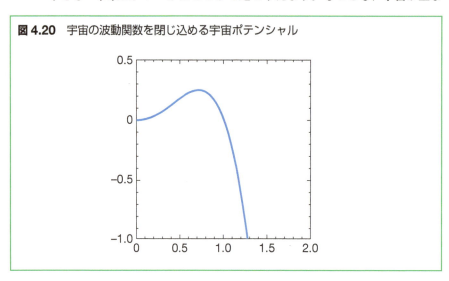

図 4.20　宇宙の波動関数を閉じ込める宇宙ポテンシャル

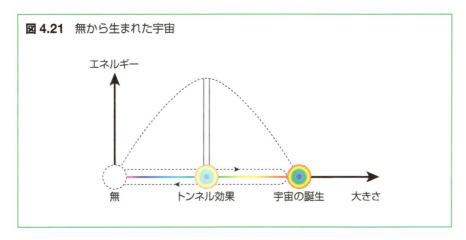

図 4.21 無から生まれた宇宙

れる以前には、"いつか"も"どこか"も意味のない言葉でしょうが、とにかく、宇宙も誕生したのでしょう。これが**無からの宇宙の創生**（creation from nothing）という考えです。

　ビレンキンのアイデアも、当初は関心を惹いたのですが、宇宙の波動関数の物理的な解釈がないこと、そもそも無の状態というのは実在しないのではないかという疑義など、いろいろな問題点もあり、現状では支持されている状態ではありません。結局のところ、宇宙の創生について、現在でも定説はないという状況です。

第5章 力の分離と物質の誕生

前章まで主に、入れ物としての時間と空間——時空——の誕生と進化について、現代の宇宙像を紹介してきました。ここでは、世界の内容物である物質の実相に迫り、物質と物質間に働く力が統一されていくさまを眺めてみましょう。また入れ物としての時空と内容物としての物質・エネルギー・力の間柄についても少し考えてみます。というのも、おそらくは、入れ物と内容物はもともとは同じモノだったのです。

5.1 世界を構成している物質と力

まず世界を構成している物質粒子と物質粒子間に働く4つの力についてまとめておきます。

陽子と中性子と電子と光子

身のまわりの物体や生物の体など、いわゆる物質は、水素や炭素や酸素などさまざまな種類の原子や、水やアルコールやタンパク質など原子が集まった分子からできています（**図5.1**）。

原子はさらに、プラスの電荷を帯びた**陽子**と電荷をもたない**中性子**がいくつか集まった**原子核**と、そのまわりを回るマイナスの電荷を帯びた複数個の**電子**からできています（**図5.2**）。原子核を構成する陽子と中性子を合わせて、**核子**と総称することもあります。

たとえば、通常の水素原子は陽子1個＋電子1個からできた一番単純な原子で、通常の炭素原子は陽子6個＋中性子6個＋電子6個から、通常の酸素原子は陽子8個＋中性子8個＋電子8個からなっています。ここで、

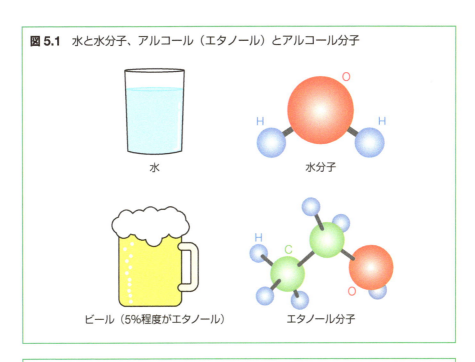

図 5.1 水と水分子、アルコール（エタノール）とアルコール分子

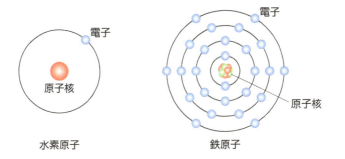

図 5.2 水素原子と鉄原子

水素原子は1個の陽子でできた原子核と1個の電子からなる。鉄原子は26個の陽子および30個の中性子でできた原子核と26個の電子からなる。図では電子を原子核のまわりを回る小さな球体として（簡易に）示しているが、実際にはこの描像は正しくなく、存在位置が確率的にのみ表される電子雲となっている。

"通常"と書いたのは、中性子の個数が異なる**同位体**と呼ばれる原子があるためです（中性子が1個ある重水素とか、中性子が7個ある炭素13など

があります)。

　これらの陽子、中性子、電子などが、こんにちの世界・宇宙・時空に存在する物質を構成する、いわゆる**物質粒子**の一番表の顔です。

　また質量をもつ物質粒子以外に、純粋な**エネルギー**として質量をもたない**光子**（photon）があります。光子は光の速さで伝わる波の性質をもつので、**電磁波**とも呼ばれます（**図 5.3**）。光子は、表も裏もない、それ自体が**基本粒子**です。

　そして陽子や電子など電荷を帯びた粒子の間に働く力が**電磁力**です。**電磁相互作用**ともいいます。原子は全体としてプラスの電荷を帯びた原子核とマイナスの電気を帯びた電子が電磁気的に結びついてできています。また同じく、原子同士が電磁気的な力で結びついて分子ができています。

　現在の考え方では、粒子の間に働く力も何らかの介在粒子によって伝えられており、電磁力は**光子**が伝えています（**図 5.4**）。すなわち電荷を帯びた粒子は光子をキャッチボールすることで、電磁力を感じるのです。

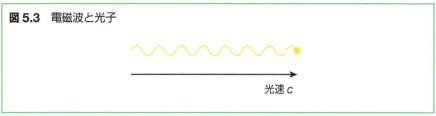

図 5.3　電磁波と光子

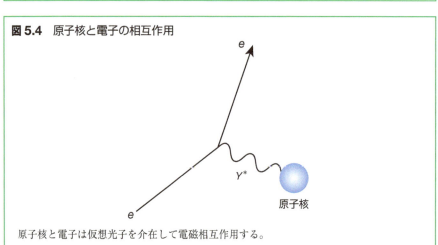

図 5.4　原子核と電子の相互作用

原子核と電子は仮想光子を介在して電磁相互作用する。

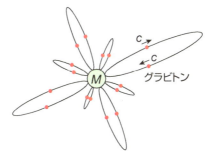

図 5.5 万有引力と重力子の反復

重力子の交換で万有引力が伝わる。重力子の密度は距離の 2 乗に反比例して減少するので、万有引力も距離の"逆 2 乗"で減衰する。

　またあらゆる物質粒子間には、お互いに引きつけあう**万有引力（重力）**が働きます。重力は電荷の有無とは無関係に、質量をもつ物質粒子の間に働く力です。さらに現在の考え方では、重力は**重力子**（graviton）が伝えています（**図 5.5**）。すなわち質量をもった粒子は重力子をキャッチボールすることで、重力を感じるのです。

　ちなみに、光子と同じく重力子も光速で伝わります。すなわち、ニュートン力学では瞬時に伝わると"想定"していた万有引力は、現代的な立場では、"光速"で伝わる"近接作用"する力なのです。

　以上、もう一度まとめると、身の回りの世界は、一番表のレベルでは、陽子・中性子・電子といった物質粒子が形作っており、それら物質粒子は光子（電磁力）と重力（重力子）によって結びついていて、身の回りの世界が構成されているのです。

素粒子と核力

　では、物質粒子の裏の顔（下位構造）を見ていきましょう。

　中性子は原子核の中にある間は安定ですが、核分裂などで原子核の外に出ると、15 分ほどで崩壊します（**図 5.6**）。このとき、1 個の中性子は陽子と電子と反ニュートリノに崩壊します。かつて電子のことをその正体が不明だったときに**ベータ線**と呼んでいたのですが、この崩壊過程は電子（ベータ線）が放出されるので**ベータ崩壊**と呼ばれます。また**反ニュートリノ**は

図 5.6 中性子のベータ崩壊

中性子 　　　陽子 ＋ 電子 ＋ 反ニュートリノ

図 5.7 中性子のベータ崩壊；弱い相互作用の観点

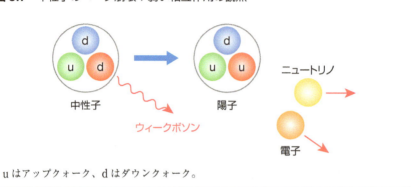

uはアップクォーク、dはダウンクォーク。

ニュートリノの反粒子ですが、どちらも、電荷をもたず、質量がほとんどゼロの素粒子です。

この中性子の崩壊を引き起こす力（作用；原因）を**弱い力**とか**弱い相互作用**と呼びます（**図 5.7**）。また弱い相互作用を介在する粒子は、プラスとマイナスの **W ボソン**（W は weak の頭文字）および、電荷がゼロの **Z ボソン**（Z は zero の頭文字）で、**ウィークボソン（弱ボース粒子）**と総称します。

物質の下位構造をみていくと、いきなり沢山の名前が出てきましたが、後で全体をまとめるので、あまり気にしないで読み進めてください。

> **エビデンス** ## ニュートリノの発見
>
> はじめてベータ崩壊が発見されたとき、ニュートリノの存在はまだ知られていないし観測もされなかったので、中性子が陽子と電子の崩壊するように見えました。ところが、崩壊の前と後で、質量や電荷はほぼ保存されているようにみえるのですが、運動量は崩壊の前後で変

化します（保存されません）。そこで量子力学の風雲児ウォルフガング・パウリは1930年に、質量はほとんどゼロで電荷ももたない何か非常に小さな粒子が運動量をもちさるのだろうと考えました。そしてその（当時は）仮想的な粒子に、イタリア語で"中性の小さなもの"という意味のニュートリノという名前を付けたのです。

プラスの電荷をもった陽子同士は反発し合うはずなのに、中性子と一緒に原子核を形作ることができます。電磁力に逆らって核子（陽子と中性子）を原子核内につなぎ止める力を**強い力**とか**強い相互作用**と呼びます（核子の間に働く力なので**核力**ともいいます）。この強い力を介在する粒子が**中間子**です。

電磁気的な力に反して核子同士をつなぎとめておくためには、強い力／核力は非常に強くなければなりません（だから、強い力と呼びます）。ただし電磁気的な力は無限遠まで届きますが、核力は原子核の大きさ（約 10^{-13} cm）程度しか届きません。ちなみに中間子という名前は、電子よりは重いが核子よりは軽い、という程度の意味合いです。

これら弱い力と強い力および先に述べた電磁力と重力が、物質粒子の間に働く4つの**基本力**です。弱い力と強い力は原子核の大きさ（約 10^{-13} cm）程度しか届かず、介在粒子は質量をもちます。一方、電磁力と重力は無限遠まで届き、介在粒子である光子と重力子は質量をもちません。

核子や電子、そして中間子など、物質を構成する粒子を総称して**素粒子**（subatomic particle）と呼んでいます。また、強い力を感じる粒子を**ハドロン（強粒子）**と総称し、ハドロンは、陽子や中性子のように比較的重い

表5.1 "素"粒子の分類

ハドロン （強粒子）	バリオン （重粒子）	核子	（陽子、中性子）	
		Δ粒子	Λ粒子	
		Σ粒子	三粒子	
	メソン （中間子）	パイ中間子	K中間子	
		Ω中間子	η中間子	
レプトン （軽粒子）		電子	ミューオン	タウ粒子
		電子ニュートリノ	ミューニュートリノ	タウニュートリノ

第5章　力の分離と物質の誕生　93

バリオン（重粒子）とパイ中間子のような**メソン（中間子）**に分けられます（**表5.1**）。

スケール 中間子の質量と核力の到達範囲

　日本で最初にノーベル物理学賞を受賞した湯川秀樹（1907～1981）は、核力の非常に短い到達距離を説明するために、電磁力や重力よりもはるかに急激に減衰する**湯川ポテンシャル**と呼ばれるものを提唱しました。この湯川ポテンシャルは、核力を担う素粒子（中間子）のコンプトン波長と呼ばれる距離で急激に減衰する性質があります。またコンプトン波長 λ というものは、素粒子の質量 m に反比例します。その性質を使って、核力の到達距離から、湯川秀樹は、核力を担う素粒子の質量が電子の200倍ほどだと予想しました。1934年頃のことです。もちろん当時はそんな質量の素粒子は見つかっていなかったのですが、その後、中間子が発見され、湯川秀樹の予想が的中し、ノーベル賞へとつながったのです。

基本粒子クォークとレプトン

　さて、以上までで話が済んだ時代は、世の中はずっとシンプルでした。しかし実際には、いったん素粒子と名付けたものの、現在の描像では、陽子や中性子や中間子などは"素"粒子ではなく、さらに下位構造があると考えられています。

　すなわち、陽子や中性子は、**クォーク**と呼ばれる**基本粒子**が3つ集まってできており（**図5.8**）、中間子はクォークが2つ集まってできています（**図5.9**）。一方で、電子やニュートリノなどは、それ自体が、**レプトン（軽粒子）**と呼ばれる基本粒子です。クォークモデルのもとでは、強い力を伝える粒子は**グルーオン（膠着子）**と呼ばれます。

　基本粒子のクォークやレプトンには"世代"があって、クォークの第一世代がアップクォークとダウンクォーク、第二世代がチャームとストレンジ、第三世代がトップとボトムと名づけられています（**表5.2**）。そしてたとえば、陽子は2個のアップクォークと1個のダウンクォーク、中性子は

94　第II部　宇宙の誕生と進化

図 5.8 3つのクォークからなる陽子と中性子

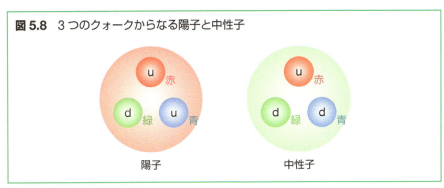

図 5.9 2つのクォークからなるパイ＋中間子とパイ－中間子

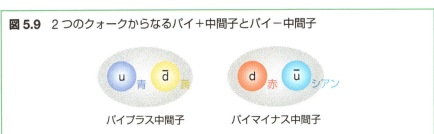

　1個のアップクォークと2個のダウンクォーク、マイナスK中間子はストレンジクォークと反アップクォークからできている、などと考えるのです。そして、一番表の顔、身の回りの世界は、第一世代の粒子からできています。
　さらに、クォークはとても奇妙な性質をもっています。まず整数ではなく2/3などのような分数電荷をもっているのです。またクォークは"赤""緑""青"の色荷と呼ばれる電荷のような量子数をもっていて、3つのクォー

表 5.2 基本粒子と世代

	クォーク	レプトン
第一世代	アップ	電子
	ダウン	電子ニュートリノ
第二世代	ストレンジ	ミューオン
	チャーム	ミューニュートリノ
第三世代	ボトム	タウ粒子
	トップ	タウニュートリノ

第5章　力の分離と物質の誕生

図 5.10 クォークの種類と色と反クォーク

R、G、B、C、M、Y はクォークの色荷で、それぞれ赤、緑、青、シアン、マゼンダ、黄を表す。

図 5.11 基本粒子

クォークとレプトンと力の介在粒子。質量はエネルギーの単位である eV（電子ボルト）で測る。MeV = 10^6 eV、GeV = 10^9 eV

表5.3 自然界における4つの力

	力を感じる粒子	力を伝える粒子
電磁力	荷電粒子	フォトン（光子）γ
弱い力	クォーク	ウィークボソン W&Z
	レプトン	（弱ボース粒子）
	ヒッグス粒子	
強い力	クォーク	グルーオン（膠着子）g
重力	すべての粒子	グラビトン（重力子）G

クが結合してバリオンを作るときは、必ず、3種の色荷をもったクォークが組み合わさって"白色"になります。そして異なる色のクォーク同士はグルーオン（膠着子）と呼ばれる力の粒子を交換して結びついているのです。

　クォークにもレプトンにも異なったタイプや反粒子があり、結局、6タイプ（各3色と反粒子）計36種類のクォークと（**図5.10**）、6タイプ（と反粒子）計12種類のレプトンが、物質の素粒子です。さらに力を伝える粒子は20種類ほどあります（**図5.11**）。それぞれを**表5.3**にまとめます。

5.2 温度を上げていく：物質を分解し力を融合する

　前節で紹介した物質粒子／素粒子／基本粒子と力（力の介在粒子）には、私たちの日常生活で出くわすことがほぼないものも多くあります。それらは、非常にエネルギーが高く温度が高い状態でのみ、表出する存在です。たとえば、宇宙誕生時や、あるいは、巨大粒子加速器における衝突実験時のようにです。これらの粒子は、宇宙の誕生とどう関わり合うのでしょうか。超高温では何が起こるのでしょうか？

　巨大粒子加速器は、ほぼ光速にまで加速した粒子をぶつけ合って、さまざまな反応を起こさせ、素粒子の構造や性質を調べる大がかりな実験設備です（**図5.12**）。高温高密度だった宇宙の最初も粒子同士が激しく衝突し合っていたはずなので、それを地上で再現していると言っても差し支えありません。そして粒子の速度を上げれば上げるほど、衝突時のエネルギー

第5章　力の分離と物質の誕生　｜　97

図 5.12 CERN の LHC（大型ハドロン衝突器）

スイスとフランスの国境付近に建設された、全周約 27 km の世界最大の衝突型円形粒子加速器。
(Maximilien Brice/CERN)

は高くなり、激しい反応や変わった反応が起こります。これは宇宙のはじまりへ向かっているのと同じです。時間を遡って、宇宙の温度がどんどん上昇すると、非常に高いエネルギーでは何が起こるのでしょうか。そこでは空間自体が変質していき、粒子や力の統一が起こっていくと考えられています。

水の温度を上げていく

　温度が低いと水は凍って氷になっています。**図 5.13** のように、原子や分子の間の結合が強くて、原子や分子の位置がほとんど動かない**固体**の状態です。氷を熱していくと 1 気圧のもと摂氏零度（絶対温度で 273.15 K）で水になります。分子の結合がゆるくて形状が自由に変化流動する**液体**状態です。さらに熱していくと、液体の水の表面から水分子が飛び出して水蒸気になります。原子や分子の間の結合がまったくなくなり自由に飛び回っている**気体**状態です。氷、水、水蒸気までは、あくまでも水という物質であって、物質としての相は変化しても化学的性質は変わりません。そこで

98　第Ⅱ部　宇宙の誕生と進化

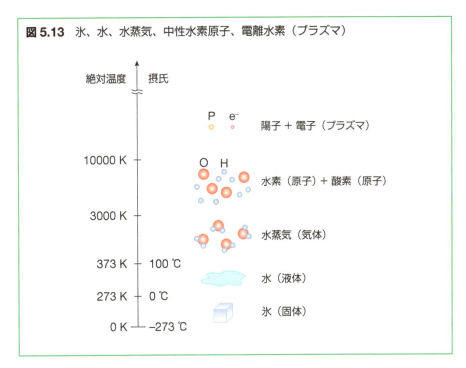

図 5.13 氷、水、水蒸気、中性水素原子、電離水素（プラズマ）

これらの変化を**相転移**と呼んでいます。

　しかしもっと温度を上げると、約 3000 K で水分子は**解離**し、2 個の水素原子と 1 個の酸素原子になります。さらに約 1 万 K を超えると水素原子自体がバラバラになり、原子核（水素の場合は陽子）と電子にわかれます。このように、原子を作っている原子核と電子の結合が解けて、プラスの電荷をもったイオンとマイナスの電荷をもった電子と分かれることを**電離**といいます。また高温で気体が電離したものが**プラズマ（電離気体）**です。

　星の中心部やブラックホール周辺の高温環境では、水素は電離してプラズマ状態（電離水素）になっています。またビッグバン宇宙においては、宇宙誕生時から 38 万年より少し前の時代、星や銀河はまだ生まれていませんが、水素や多少のヘリウムは合成されていました。ただし、当時の宇宙は非常に高温で、水素やヘリウムは電離したプラズマ状態になっていました。宇宙全体が火の玉状態で光り輝き、不透明で遠くが見通せない状態になっていました。

陽子や中性子がクォークへ戻る（QCD相転移／第4の相転移）

　ビッグバン火の玉時代をさらに遡り、宇宙と物質の温度が上昇すると、まず陽子や中性子のようなバリオン（重粒子、**表5.4**）やパイ中間子のようなメソン（中間子、**表5.5**）などハドロン（強粒子）が、基本粒子クォーク（**表5.6**）へ分解します。宇宙開闢後、1万分の1秒ぐらいのことです。

　基本粒子であるクォークはハドロンの中に閉じ込められていて、巨大加速器の衝突実験などでは、ハドロンの内部からクォークを単体として取り出すことができません。しかし、それはあくまでもエネルギーが低いためだと考えられています。

　宇宙のごく初期は加速器では実現できないほど高いエネルギー状態でした。宇宙開闢後、1万分の1秒ぐらいで、宇宙の温度は1兆K（100 MeV）ほどにもなります。これほどの高温になると、ハドロンの中に閉じ込めら

表5.4　バリオン（重粒子）

	記号	電荷e	スピン	質量MeV
陽子（uud）	p	1	1/2	938.3
中性子（udd）	n	0	1/2	939.6

表5.5　メソン（中間子）

	記号	電荷e	スピン	質量MeV
パイ中間子（ud）	$\pi^{\pm}$	±1	0	140
π	0	0	0	135

表5.6　クォーク

	記号	電荷e	スピン	質量MeV
アップ	u	2/3	1/2	5
チャーム	c	2/3	1/2	1000?
トップ	t	2/3	1/2	200000?
ダウン	d	-1/3	1/2	8?
ストレンジ	s	-1/3	1/2	100?
ボトム	b	-1/3	1/2	4000?

100 ｜ 第Ⅱ部　宇宙の誕生と進化

れていたクォークは自由に動けるようになります。というより、むしろ、宇宙全体がハドロン内部のような状態になったというべきでしょう。

　時間の順序で考えると、1万分の1秒以前には自由に動いていたクォークとグルーオンは、宇宙（真空）の温度が下がったために相転移が起こり、1万分の1秒以後はハドロンの中に閉じ込められ、クォークからハドロン（バリオン＋メソン）への変換が起こったのです。

　このハドロンの形成を**第4の相転移**（phase transition of the fourth kind）と呼びます。クォークの力学を扱う**量子色力学QCD**（quantum color dynamics）から、**QCD相転移**とも呼びます。

　このQCD相転移によって、宇宙に存在する物質は、レプトンとしては、大量の電子（および陽電子）、3種類のニュートリノ（および反粒子）、またバリオンとしては、わずかな陽子と中性子、そして大量の光子からなる、比較的単純なプラズマが残っています。

電子とニュートリノが同じものになる／電磁力と弱い力の統一（WS相転移／第3の相転移）

　さらに時間を遡ると力の統一がはじまります。まず最初は電磁力と弱い力が電弱力として統一され、それぞれの力を介在するウィークボソンと光子が同じになり、電子とニュートリノの区別がなくなります。1000万分の1秒ぐらいのことです。

　宇宙開闢後、1000万分の1秒ぐらいで、宇宙の温度は 10^{15} K（200 GeV）ほどにもなります。このぐらいの温度になると、弱い力を介在するウィークボソンの質量がなくなり光子と同じになり、弱い力と電磁力が同じものになります。また同時に、電子とニュートリノの質量はなくなって電子とニュートリノの区別がつかなくなります。

　時間の順序で考えると、1000万分の1秒以前には同じだったものが、宇宙の温度が下がって真空が相転移したため、ウィークボソンに質量が生じて光子と分離し、電磁力と弱い力が分離して、同時に電子とニュートリノが別の粒子になりました。

　また電子などの素粒子はこのときはじめて質量をもちました。それは**ヒッグス場**と呼ばれる空間に充満していたモノの凝縮によって生じたと考えられています。

　この電磁力と弱い力の誕生を**第3の相転移**（phase transition of the

third kind）と呼びます。電磁力と弱い力を統一したのがアメリカの物理学者スティーヴン・ワインバーグ（1933～）とパキスタンの物理学者アブダス・サラム（1926～1996）が打ち立てたワインバーグ–サラム理論なので、**ワインバーグ–サラム相転移**と呼ぶこともあります。

　この時点で、現在知られる4種類の力（重力、強い力、弱い力、電磁気力）はすべてが出揃ったことになります。また、このころの宇宙の主な構成粒子は、質量が100 GeV程度以下の素粒子（レプトン、クォーク、グルーオン、光子）です。第3の相転移の後に、真空は現在の"真真空"になりました。また、素粒子が一通り揃ったので、これ以降から元素生成が起こり始める100秒くらいまでの時期を**粒子時代**と呼ぶことがあります。

> ### スケール　ニュートリノの凍結
>
> 　ニュートリノは1000万分の1秒ぐらいに電子と分かれた後、しばらくは素粒子反応のスープの中で他の素粒子と相互作用していますが、約3秒後に温度が約100億K（1 MeV）になると、そのような反応も起こらなくなります。この時点で、ニュートリノの粒子数は"凍結"します。そしてその後の"低温の"宇宙では、いまにいたるまで、ニュートリノは物質とはほとんど相互作用しない粒子として振る舞うようになるのです。現在の宇宙では、このとき残されたニュートリノが、1立方cmあたりに336個ほどあると見積もられています。体内には常に数千万個ものニュートリノが通過している勘定になります。
>
> 　なお、宇宙が晴れ上がった後に残された3 K宇宙背景放射の光子も、現在の宇宙ではほぼ同じくらい、1立方cmあたりに411個ほどあると見積もられています。

電子・ニュートリノ・クォークが同一になる／電弱力と強い力の統一（GUTS 相転移／第2）

　もっと遡ると、電磁力と弱い力が統一した電弱力と、クォークに働く強い力が統一され、強い力を介在するグルーオンがウィークボソンや光子と同じになり、そしてレプトン（**表5.7**）とクォークの区別がなくなります。10の36乗分の1秒ぐらいのことです。

表5.7 レプトン（軽粒子）

	記号	電荷 e	スピン	質量 MeV
電子	e^-	-1	1/2	0.511
ミューオン	μ^-	-1	1/2	106
タウ粒子	τ^-	-1	1/2	1777
電子ニュートリノ	ν_e	0	1/2	?
ミューニュートリノ	ν_μ	0	1/2	?
タウニュートリノ	ν_τ	0	1/2	?

　宇宙開闢後、10の36乗分の1秒（10^{-36}秒）ぐらいで、宇宙の温度は10^{28} K（10^{15} GeV）にもなります。このぐらいになると、強い力を介在するグルーオンの質量がなくなり光子などと同じになり、強い力と電弱力が同じものになります。また同時に、クォークの質量もなくなって、レプトンとクォークの区別がつかなくなります。

　時間の順序で考えると、10の36乗分の1秒（10^{-36}秒）以前には同じ基本粒子（クォーク＋レプトン）と力の粒子（グルーオン＋光子）だったものが、宇宙の温度が下がって真空が相転移したため、グルーオンに質量が生じて光子と分離し、強い力（色の力）と電弱力が分離して、同時にクォークとレプトンが別の粒子になりました。

　この強い力および電弱力の誕生を**第2の相転移**と呼びます。また電弱力と強い力の統一理論を**大統一理論／GUT**（the Grand Unified Theory）ということから、**大統一理論の相転移**と呼ぶこともあります。

　第2の相転移の後も、電磁気力と弱い力はまだ同じで、電子の質量は0で、電子とニュートリノは区別がつきません。この相転移後の真空を**電弱相互作用の真空**と呼びます。また、これ以降、つぎの区切りまでを**電弱時代**（Electroweak Era）と呼ぶことがあります。

重力子も一緒になり万物力となる（第1の相転移）／大統一力と重力の統一

　いよいよ宇宙開闢に迫りました。自然界の力を媒介する粒子、ゲージ粒子を**表5.8**に示します。もっともっと遡ると、電磁力と弱い力と強い力が

第5章　力の分離と物質の誕生　103

表5.8 ゲージ粒子（力の粒子）

	記号	電荷 e	スピン	質量 MeV
光子	γ	0	1	0
ウィークボソン	W±	±1	1	80000?
	Z⁰	0	1	91000?
グルーオン	g	0	1	0?
重力子	G	0	2	0

統一した大統一力と、万物に働く重力が統一され、すべての力の介在粒子が同じものになり、そしてあらゆる粒子の区別がなくなるだろうと考えられています。プランク時間（10の44乗分の1秒）ぐらいのことです。

　宇宙開闢後、プランク時間（10^{-44}秒）ぐらいで、宇宙の温度は10^{32} K（10^{19} GeV）にもなります。このぐらいになると、重力を介在する重力子は光子などと同じになり、重力と大統一力は同じになって万物力となるだろうと考えられています（**図5.14、図5.15**）。

　時間の順序で考えると、宇宙開闢時以来10の44乗分の1秒（10^{-44}秒）以前にはあらゆるモノが混沌として区別がつかない状態だったのが、宇宙の温度が下がって真空が相転移したため、重力子が光子と分離し、重力が他の力と分離しました。

　この重力の誕生を**第1の相転移**（phase transition of the first kind）と呼びます。アインシュタインの一般相対性理論が時空構造へ適用できるのは、このとき以降です。

　第1の相転移の後、重力は分離しましたが、他の3つの力はまだ同じであり、クォークも核子の閉じ込められておらずに自由に動いていて、電子・ニュートリノ・クォークは区別がつきません。この相転移の後の真空を、重力以外の3つの力を統一する理論を大統一理論GUTと呼ぶことから、**大統一理論の真空**と呼びます。また重力が分離した以降、つぎの区切りまでの時期を**大統一時代**（GUT Era）と呼ぶことがあります。逆に、それ以前の最初期の時代は**プランク時代**（Planck Era）と呼ばれます。

　時空と物質と力の誕生まで遡りました。それらの根元を考える段階に来たようです。

104 | 第Ⅱ部　宇宙の誕生と進化

図 5.14 大統一力への道。横軸はエネルギーで縦軸は力の強さの逆数

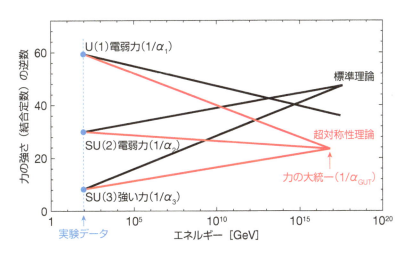

エネルギーが高くなると、電磁力、弱い力、強い力は、大統一力へ統一されていく。従来の標準モデルではぴったり一致しないが、超対称性を入れた理論ではぴったり一致する。

図 5.15 万物力への道

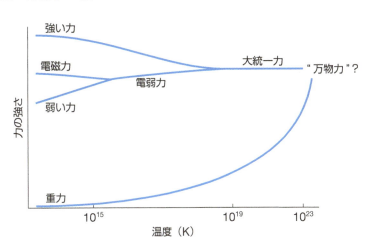

横軸は温度で縦軸は力の強さ。電磁力、弱い力、強い力が大統一力として統一されたのち、さらにエネルギー（温度）が上がると、ずっと先で重力も統一され、万物力となる（はず）。

5.3 粒子と量子と古典場と場の量子論

前章までに出てきた、入れ物としての時間と空間——時空——に加え、この章では、世界の内容物である物質（粒子）と物質間に働く力について紹介してきました。ここで、入れ物（時空）と内容物（物質・エネルギー・力）の間柄について少し考えてみます。最初に触れたように、おそらくは、入れ物と内容物はもともとは同じモノだったのでしょう。そのことを説明するためには、**場の量子論**に踏み込まなければなりませんが、ここでは**場の概念**について非常に大掴みな話をします（図 5.16）。

粒子の理論から場の理論へ

物質を形作る**粒子**（particle）の位置や運動は、通常は、ニュートン力学で記述されます。ニュートン力学においては、粒子の位置（座標）は速度（運動量）などは連続的な値を取ることができて、あらゆる事象は、原理的には、連続的かつ確定的に起こっていきます。このニュートン力学の理論体系は、（量子論に対し）**古典論**とか**古典力学**（classical mechanics）と呼ばれます。

一方、ミクロな世界ではものごとの生起は連続的でも確定的でもありま

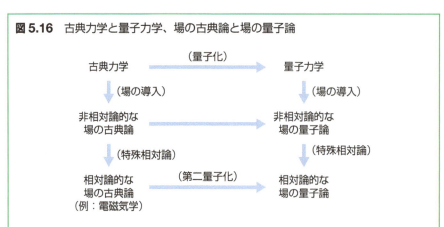

図 5.16　古典力学と量子力学、場の古典論と場の量子論

なお、歴史的には、非相対論的な場の量子論というものはないが、全体の関係を概念的にわかりやすくするため、置いてある。

せん。粒子の位置や運動量はハイゼンベルグの不確定性原理によって揺らぎがあり、エネルギーなどの物理量もとびとびの値しか取れなくなります。このミクロな世界を記述するために、位置や運動量などの物理量に対して**量子化**（quantization）という操作を行って、事象が不連続かつ確率的に起こるように仕立てた理論体系が、**量子論**（quantum theory）あるいは**量子力学**（quantum mechanics）と呼ばれるものです。また電子や陽子などの粒子を量子化したモノが**量子**（quantum）です。量子化された粒子は、粒として振る舞うだけでなく、波の性質も合わせもち、干渉なども起こすようになり、そして不連続な振る舞いを示すようになります。

　以上は、粒子のように見えて粒子のように振る舞うモノの、古典的描像と量子的描像です。

　ところで、古典的な世界では、電子や陽子などの物質粒子とは別に、**電磁場**（electromagnetic field）とか**重力場**（gravitational field）と呼ばれるモノが知られていました。これらの**場**（field）は、粒子のように局在化しておらず、空間に遍く拡がっているものとして想定されています。また古典的な方法で場を扱う際には、振動子というモノを考えて、無限個の振動子の統計的な振る舞いで場の量を記述します。そして、古典的な描像では、電磁場にせよ重力場にせよ、やはり連続的かつ確定的な何かです。マクスウェルの電磁気学やニュートンの重力理論、さらにはアインシュタインの一般相対論はすべて、場の量が連続的に変化するので、古典論の範疇に含まれるもので、古典場の理論あるいは**場の古典論**（classical field theory）と呼ばれます。

　このような場の古典論に対し、場の物理量を量子化して、場の変化が不連続かつ確率的に起こるように仕立てた理論体系が、量子場の理論あるいは**場の量子論**（quantum field theory）であり、量子化された場が**量子場**（quantum field）ということになります。イメージ的には、空間のすべての点に量子化された振動子が結びついている状況、あるいは、そのような無限振動子の総体が、電磁場であり、重力場であり、そして空間そのものと考えてみてください。

量子と量子場の関係

　このような量子化された場の観点から、再度、量子場と量子（粒子）を

第5章　力の分離と物質の誕生　107

図 5.18　空間の各点に無数の振動子が結びついている場のイメージ

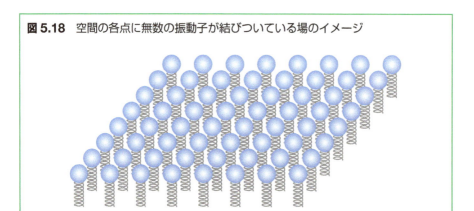

考えてみましょう。

　古典場と同様に、量子化された量子場も空間に遍く拡がっており、場に起こった広域的な変動（たとえば電磁波）は光速で伝わっていきます。ただし、場の物理量は量子化されているので、場のエネルギーなどは連続的な値を取ることができず、とびとびの値になります。

　逆に、量子場の中で、非常に局所的にエネルギーが高い状態に励起され、その励起された局所変動が伝わっていけば、それはまるで粒子（量子）のように振る舞うでしょう。ただし、この粒子（量子）は、量子論で粒子を量子化して出現した波の性質ももつようになった量子（粒子）と同じものとはいえません。無限に広がり存在していた量子場の一部が局在化して出現した粒子（量子）のような性質をもった場なのです。

　場の量子論という理論的枠組みによって、量子も量子場も一緒に取り扱うことが可能になるのです。波のような性質をもった粒子（電子など）と粒子のような性質をもった波動（光子・電磁波）を統一的に扱えるようになったのです。そして、場の量子論の見地からは、電子や陽子のような物質粒子も、電磁場（光子）や重力場のような場も、弱い力や強い力なども、さらには空間自体さえ、ある種の場であろうと考えます。そして、エネルギーが非常に高い状態では、たとえば、電磁場と弱い力が同等になっていくように、つぎつぎと同じ場に統合されていき、最終的にはたった一つの場、おそらくは光の場だけが残るのでしょう。そういう意味で、入れ物と内容物は、もともとは同じモノだったのでしょう。

ただし、エネルギーの低い現在の宇宙では、場には多種多様な場があり、それぞれの場を表す理論は、まだすべて揃っているわけではありません。今後の完成が待たれるところです。

第6章 宇宙の晴れ上がりと暗黒時代

前章までで入れ物（時空）と内容物（物質・エネルギー・力）が出揃ったので、ここからは、入れ物と内容物がどのように絡み合いながら、現在の宇宙へと進化・変転していったかを紹介していきます。まずは、ややこしかった物質の誕生を大急ぎで振り返り、宇宙初期における元素の合成を説明した後、宇宙の晴れ上がりという重要なできごとへ進みましょう。

6.1 承前：力の分離と物質の誕生

前章では時間を遡りながら温度（エネルギー）を上げていって、物質の分解や力の融合を考えていきました。ここでは時系列で整理しておきましょう（**図 6.1**）。

プランク時代（$t = 0 \sim 10^{-44}$ 秒）

宇宙の誕生（$t = 0$；$T = \infty$）からプランク時間（$t = 10^{-44}$ 秒；$T = 10^{32}$ K $= 10^{19}$ GeV）までの時期（そもそも時間が定義できない時期）を**プランク時代**（Planck Era）と呼びます。量子重力理論（重力場の量子化）ができていないため、宇宙の状態を取り扱うことができません。

第 1 の相転移（$t = 10^{-44}$ 秒；$T = 10^{32}$ K $= 10^{19}$ GeV）

プランク時間（$t = 10^{-44}$ 秒；$T = 10^{32}$ K $= 10^{19}$ GeV）になって、重力が他の力（強い力、弱い力、電磁力）と分離します。この重力の誕生が**第 1 の相転移**です。これ以降の時空構造へはアインシュタインの一般相対性理論が適用可能になります。

110 第Ⅱ部 宇宙の誕生と進化

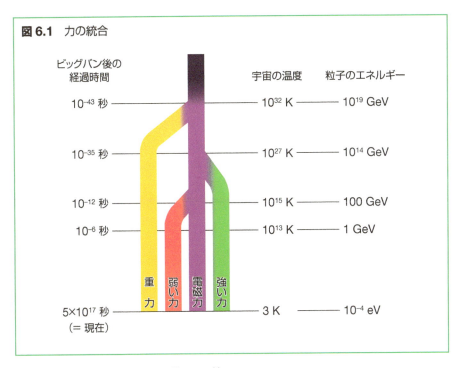

図 6.1 力の統合

大統一時代 ($t = 10^{-44} \sim 10^{-36}$ 秒)

第1の相転移の後、重力は分離したものの、他の3つの力はまだ同じです。また、クォークは核子に閉じ込められておらずに自由に動いていて、電子・ニュートリノ・クォークは区別がつきません。重力が分離した以降、つぎの区切りまでの時期を**大統一時代**（GUT Era）と呼びます。

第2の相転移／大統一理論の相転移 ($t = 10^{-36}$ 秒；$T = 10^{28}$ K $= 10^{15}$ GeV)

つぎに起こったのは、宇宙膨張に伴う温度の急激な低下によってグルーオンが生まれ、宇宙が1万倍くらい冷えたとき（$t = 10^{-36}$ 秒；$T = 10^{28}$ K $= 10^{15}$ GeV）、強い力（色の力）と電弱力（弱い力＋電磁力）が枝分かれしたことです。これが**第2の相転移／大統一理論の相転移**です。このときにクォークが生まれました。

電弱時代 ($t = 10^{-36} \sim 10^{-11}$ 秒)

第2の相転移の後も、電磁気力と弱い力はまだ同じで、電子の質量は0で、電子とニュートリノは区別がつきません。第2の相転移以降、つぎの区切りまでを、**電弱時代**（Electroweak Era）と呼びます。

第3の相転移／WS相転移 （$t = 10^{-11}$ 秒；$T = 10^{15}$ K $= 200$ GeV）

さらに宇宙膨張によって冷却が進むと、1000万分の1秒ぐらいのとき（$t = 10^{-11}$ 秒；$T = 10^{15}$ K $= 200$ GeV）、電磁力と弱い力が分離しました。この電磁力および弱い力の誕生が**第3の相転移／ワインバーグ–サラム相転移**です。またヒッグス場の凝縮によって、素粒子がはじめて質量をもちました。

粒子時代 （$t = 10^{-11} \sim 10^2$ 秒）

第3の相転移の時点で、現在知られる4種類の力（重力、強い力、弱い力、電磁気力）はすべてが出揃います。また、このころの宇宙の主な構成粒子は、質量が100 GeV程度以下の素粒子（レプトン、クォーク、グルーオン、光子）です。第3の相転移の後に、真空は現在の**真空**になりました。第3の相転移から元素生成が起こり始める100秒くらいまでの時期を**粒子時代**（Particle Era）と呼ぶことがあります。

第4の相転移／QCD相転移 （$t = 10^{-4}$ 秒；$T = 1$ 兆 K $= 100$ MeV）

さらに温度が下がり、1万分の1秒ぐらいになると（$t = 10^{-4}$ 秒；$T = 1$ 兆 K $= 100$ MeV）、それまで自由に動いていたクォークとグルーオンは、核子や中間子などハドロンの中に閉じ込められ、クォークからハドロン（バリオン＋メソン）への変換が起こります。このハドロンの形成が**第4の相転移／QCD相転移**です。

粒子の対消滅と反物質の消滅

第4の相転移の少し前（$t = 10^{-6}$ 秒；$T = 10$ 兆 K $= 1$ GeV）、陽子と反陽子が対消滅し、10^9 個に1個ぐらいの割合で陽子が残るとともに、反物質がなくなります。さらに宇宙誕生から約100秒後、約40億Kのとき（$t = 100$ 秒、$T = 40$ 億 K $= 511$ keV）、電子と陽電子が対消滅し、光（エネルギー）になってしまいます。

図6.2 電子と陽電子の対消滅

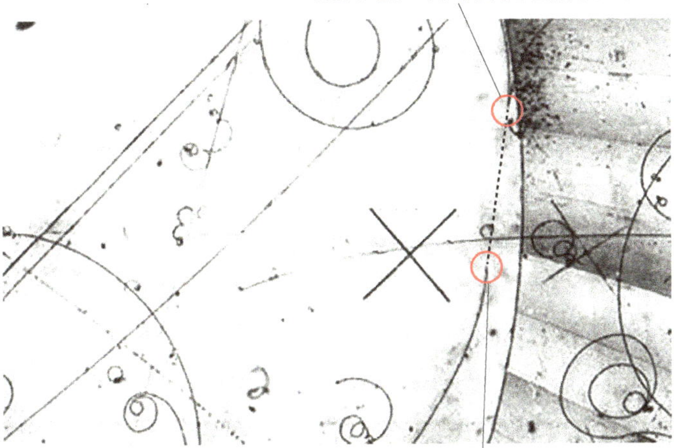

ここで電子・陽電子対が生成されている

ここで電子・陽電子対が消滅する

　電子（陽電子）の静止質量エネルギーは 511 keV なので、高温プラズマの温度が 511 keV（約 40 億 K）を超えると、光子と光子の衝突や他の粒子間の衝突で、容易に電子と陽電子が対生成されるようになります。そして、対生成された電子と陽電子は対消滅する（**図6.2**）ので、結局、電子・陽電子対と光子は熱平衡になります。このような現象は、現在の宇宙でも、ブラックホールの周辺など高エネルギー領域ではしばしば起こっています。

　逆に、宇宙初期では、ファイアボールの温度が約 50 億 K という電子・陽電子対生成の閾値温度より少し下がってしまうと、電子と陽電子の対生成は起こらなくなります。そして、電子陽電子対と光子は熱平衡から離れて、電子と陽電子は対消滅のみしていくのです。

　この直後、元素合成がはじまります。

6.2 宇宙初期における元素の合成

最初期の宇宙ではものごとがめぐるましく変遷しますが、物質の誕生の

第6章　宇宙の晴れ上がりと暗黒時代 | 113

フィナーレを飾るイベントで、現在の宇宙への布石ともなる重要なできごとが、現在の物質宇宙を形作る元素の合成です。ビッグバン宇宙初期の元素合成は、最初の3分間に起こったと考えられています。そのときに合成された元素は、大部分が水素とヘリウムでした。

元素と原子の使い分け

5章で述べたように、身の回りの物質は原子や分子からできています。原子（atom）の中には、たとえば、水素と重水素と三重水素のように、陽子の数は同じ（したがって電子の数も同じ）ものの、中性子の数が違う同位体（isotope）があります。同位体は電子の数は同じため、質量は少し違うものの化学的には似た性質を示すので、個々の粒子を表す原子に対して、陽子の数が同じ原子を一括りにして**元素**（element）と称します（**図 6.3**）。

化学的な性質にしたがって元素を並べたものが、いわゆる元素の周期表です。原子の種類は数千種類もありますが、元素にまとめたら約百数十種類になります。これらの元素は宇宙の最初から存在していたわけではありません。宇宙の歴史の中で、多種多様な元素は2段階で形成されました。宇宙の最初に水素やヘリウムなどの非常に軽い元素ができ（**図 6.4**）、その後、星の内部でその他の元素ができたのです。

元素合成の時代

図 6.5 は宇宙進化の概要です。宇宙開闢後、1万分の1秒からしばらく

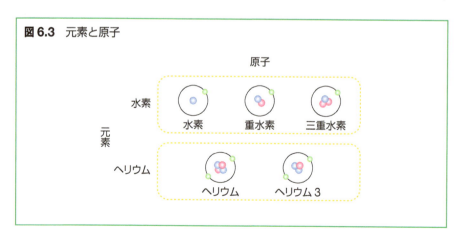

図 6.3 元素と原子

図 6.4 宇宙誕生から約 3 分後ころの元素の周期表（H、He、Li、Be までで、あとは空白のまま）

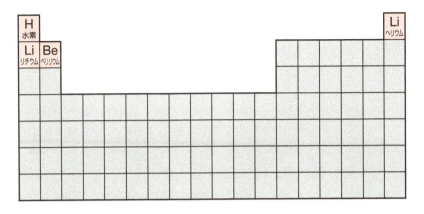

宇宙に存在していた元素は、ほぼ水素、ヘリウム、リチウム、ベリリウムのみだった。

図 6.5 宇宙進化の概要

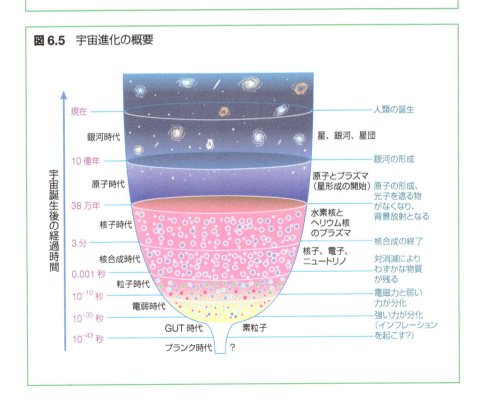

は、身の回りの物質を構成しているバリオン物質（陽子や中性子）やレプトン（電子やニュートリノ）と光子などが熱平衡になった状態でした。

　温度が下がるにつれ、まず、ビッグバンから約 3 秒後に温度約 100 億 K（1 MeV）になったとき、素粒子反応のスープから電子ニュートリノ が分離して、ニュートリノの粒子数は "凍結" しました。さらに約 100 秒後、約 40 億 K（511 keV）で、電子と陽電子が対消滅して光子になりました。

　これらのレプトンの変化と平行して、元素の元であるバリオンの様相も変化します。すなわち、ニュートリノが "凍結" したのと時を同じくして、ビッグバンから約 3 秒後、温度約 100 K（1 MeV）で、中性子と陽子の変換がなくなり、それらの比も、いったん、

　　　　中性子数／陽子数 = 0.2

に "凍結" します。そして数秒から 100 秒後（3 分後）ぐらいにかけて、重水素（D）、ヘリウム 3（^{3}He）、ヘリウム（^{4}He）、リチウム（Li）、ベリリウム（Be）などが合成されていくのです（いったん "凍結" した自由中性子の数は、この元素合成の過程で激減します）。

　元素合成が起こるこの時期を**元素合成の時代**（Era of Nucleosynthesis）と呼びます。

　物質粒子という観点から言えば、元素の合成はクォークやハドロンの生成と連続したものですが、水素やヘリウムなど現在の宇宙に存在する通常の物質（バリオン物質）の元素生成は、とりわけ特別なできごととして、切り分けて考えます。

　なお、ここで特記すべきことは、ビッグバン宇宙初期の元素合成においては、ヘリウムやせいぜいリチウム程度の軽元素しか合成されなかったことです。核融合プロセスについては以下で述べますが、現在の宇宙でも星の中心部では核融合が起こっています。そして重力によって束縛された恒星中心部では、しばしば、核融合プロセスは軽元素で止まらずに、鉄やニッケルなどの重元素まで進みます。しかし、ビッグバン宇宙初期においては、宇宙の急激な膨張によって、プラズマの温度や密度が急激に減少し、核融合が十分に進行するための時間が足りなかったのです。その結果、核融合は中途半端に終わって、宇宙初期の元素組成は、重量比にして、だいたい、

　　　　水素 X = 75%
　　　　ヘリウム Y = 25%

　　　　その他の重元素 Z ＝ ほぼ 0%
となりました。
　一方、現在の宇宙では、
　　　　水素 X ＝ 73%
　　　　ヘリウム Y ＝ 25%
　　　　その他の重元素 Z ＝ ほぼ 2%
が標準組成です。たった 2% とはいえ、ほんのわずかな重元素（チリ）が、
星を作る際の冷却剤にもなり、惑星の原料でもあり、何より生命の素材に
なっているのだから、現在の宇宙で重元素は大変重要な役割を果たしてい
るのです。
　ちなみに、上記のようなできかたの違いから、天文学では慣例的に、水
素とヘリウム以外の元素を**重元素**（metal）と呼び、その重量比を大文字
の Z で表します。

初期宇宙の核融合反応

　以上、初期宇宙における元素合成の概要を述べましたが、元素合成の反
応式は化学反応式に類似のもので、さほど難しい式ではないので、具体的
な反応式についても、少し紹介してみましょう。
　核融合反応は、いろいろな元素間の核融合反応経路をまとめた、**反応ネッ
トワーク**の図を用いて考えます（**図 6.6**）。初期宇宙の核融合反応に関係す
る核種は、水素（hydrogen；p または H）と重水素（deuterium；D）と
三重水素（tritium；T）、そしてヘリウム（He）リチウム（Li）ベリリウ
ム（Be）などの軽元素しかないので、反応ネットワークの経路がとても簡
単なものになります。
　さて、宇宙開闢から数秒後、温度が約 100 億 K（T ＝ 100 億 K ＝ 1
MeV）ぐらいになると、中性子と陽子は熱平衡が保てなくなります。この
少し後（約 100 秒の時期）から元素合成が始まると考えていいのですが、
この時期に存在するバリオンは陽子と中性子だけです（中性子の数は陽子
の約 1/5）。したがって、最初に起こる核反応も、陽子と中性子の組み合わ
せだけに限られます。
$$\text{n} \Leftrightarrow \text{p} + \text{e}^- + \bar{\nu}_e$$
$$\text{p} + \text{p} \Leftrightarrow \text{D} + \text{e}^+ + \nu_e$$

第6章　宇宙の晴れ上がりと暗黒時代　│　117

図 6.6　元素合成の反応ネットワーク

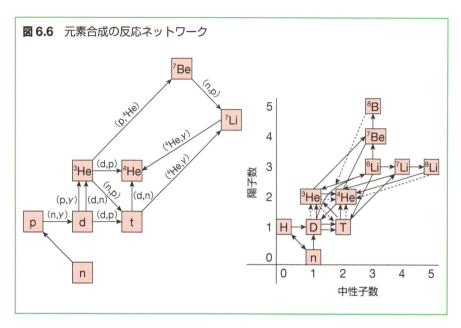

$$n + n \Leftrightarrow D + e^- + \bar{\nu}_e$$
$$p + n \Leftrightarrow D + \gamma \ (2.22\,\mathrm{MeV}) \quad \leftarrow これのみ$$

このうち、自由中性子の β 崩壊は約 15 分後まで起こりません。また陽子同士の融合や中性子同士の融合は、両方とも弱い相互作用が関与する反応なので、非常に反応率が低く、実質的に無視できます。

結局、最初に起こる核反応で重要なのは、陽子と中性子が融合して重水素になる反応です。この反応は強い相互作用が関与する反応なので、非常に速く起こり、元素合成の最初期には、陽子・中性子・重水素はほぼ熱平衡になっています。すなわち、陽子と中性子が融合して重水素になり 2.22 MeV のエネルギー光子を放出する反応と、重水素が 2.22 MeV 以上のエネルギー光子を吸収して陽子と中性子に分解する反応が釣り合っているのです。

最初は重水素はほとんど存在しませんが、宇宙膨張と共に温度が下がるにつれて、急激に重水素の割合が増えていくことになります。そして、核融合でできた重水素の個数が中性子の個数と同じくらいになったときが、（最初の）元素合成の時期と考えていいでしょう。具体的な数値を入れて、最初の元素合成（重水素合成）の温度および時間を見積もってみると、以

下の値が得られます。

重水素合成の温度 ＝ 約 0.066 MeV ＝ 7.6×10^8 K

重水素合成の時期 ＝ 約 200 秒

　陽子と中性子の核融合で重水素（D）が生成されると、つぎは、重水素を材料としたり触媒としたりして、ヘリウム 3（^{3}He）、通常のヘリウム（^{4}He）、そしてリチウム（Li）、ベリリウム（Be）など軽元素の合成が進みます。

　たとえば、

$$D + D \quad \Leftrightarrow \quad T + p$$
$$D + D \quad \Leftrightarrow \quad {}^3\text{He} + n$$
$$T + p \quad \Leftrightarrow \quad {}^3\text{He} + n$$

の反応によって、重水素と重水素などから、三重水素やヘリウム 3 など、核子が 3 つの元素が合成されます。

　つづいて、

$$D + D \quad \Leftrightarrow \quad {}^4\text{He} + \gamma$$
$$T + p \quad \Leftrightarrow \quad {}^4\text{He} + \gamma$$
$$T + D \quad \Leftrightarrow \quad {}^4\text{He} + n$$
$${}^3\text{He} + n \quad \Leftrightarrow \quad {}^4\text{He} + \gamma$$
$${}^3\text{He} + D \quad \Leftrightarrow \quad {}^4\text{He} + p$$

などによって、重水素や核子が 3 個の元素同士が融合して、ヘリウムができます。ここでようやく通常のヘリウムの登場となります。

　なお、宇宙膨張のタイムスケール（温度が下がるタイムスケール）に比べて、ここまでの反応のタイムスケールは十分に短いので、結局、初期に存在していた自由中性子の多くは、重水素などを経由して、ヘリウム原子核に閉じ込められることになります。一方、その他の自由中性子は約 15 分で β 崩壊してしまいます。それらの割合は細かい計算によって異なりますが、だいたい 3：1 ぐらいです。

　さらに、

$${}^4\text{He} + D \quad \Leftrightarrow \quad {}^6\text{Li} + \gamma$$
$${}^4\text{He} + T \quad \Leftrightarrow \quad {}^7\text{Li} + \gamma$$
$${}^4\text{He} + {}^3\text{He} \quad \Leftrightarrow \quad {}^7\text{Be} + \gamma$$

などで、ヘリウムと重水素などが融合して、リチウムやベリリウムが合成

第6章　宇宙の晴れ上がりと暗黒時代　119

図 6.7 ビッグバン元素合成（個数比）

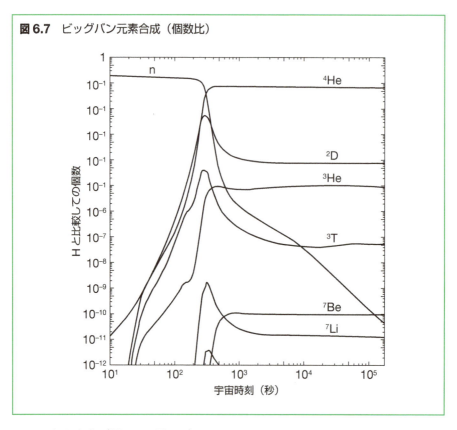

されます（**図 6.7**、**図 6.8**）。

ただし、質量数が 5 および 8 の原子核は、安定に存在できないので、ヘリウムと陽子などの融合は起こりにくいです。そのため、質量数が 6 と 7 の軽元素がわずかに生成されるだけで、宇宙膨張によって温度が下がり、初期宇宙の核融合は終了します。なお、ベリリウムは電子捕獲によってどのみちリチウムになってしまうので、初期宇宙の核融合で残るのは、実質的にはリチウムまでと考えていいのです。

> **エビデンス**　**H と He の存在比**
>
> 宇宙初期の元素合成は、軽い元素でストップしてしまい、鉄やニッケルなどの重元素は合成されません。というのも、すでに述べたよう

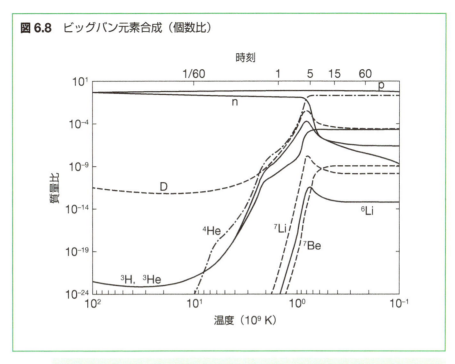

図6.8 ビッグバン元素合成（個数比）

に、ビッグバン宇宙初期においては、宇宙の急激な膨張のために、プラズマの温度や密度が急激に減少し、核融合が十分に進行するための時間が足りなかったためです。その結果、宇宙初期の核融合は中途半端に終わって、宇宙初期の元素組成は、重量比にして、だいたい、

　　水素 X = 75%
　　ヘリウム Y = 25%
　　その他の重元素 Z = ほぼ 0%

となりました。

　現在の宇宙におけるヘリウムの存在量は、まさにこの割合になっており（**図6.9**、**図6.10**）、ビッグバン元素合成で矛盾なく説明できます。すなわち、ハッブルの法則と宇宙背景放射の存在に加え、現在の宇宙におけるヘリウム存在量は、ビッグバンモデルの強力な証拠なのです。

図 6.9 合成される軽元素量の η（バリオン数/光子数）依存性

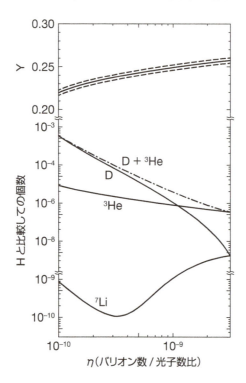

ニュートリノの種類数 3 の場合。^{4}He 量は重量比で示されている。また破線は中性子の寿命の不確かさからくる誤差を示す。その他は水素に対する個数比（寺沢、佐藤、1987 より）。

6.3 晴れ上がりから暗黒時代を経て再電離へ

　宇宙が誕生したときは、高温高密度の火の玉状態でした。宇宙が誕生して約 40 万年後、宇宙が約 1 億光年まで広がったときに、膨張によって火の玉（プラズマガス）の温度は約 3000 K まで下がります。このとき、宇宙全体で劇的な変化が起こったと考えられています。こんにち、宇宙の晴れ上がりと呼ばれる現象です。

図 6.10 ⁴He の質量比及び H との比として表した D と D + ³He、7Li の個数密度

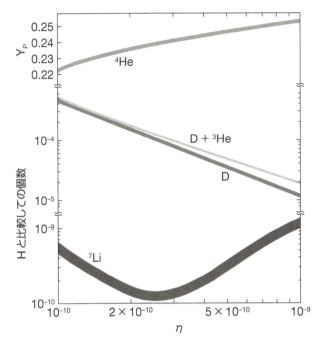

各線の幅は密度の 95%の信頼区間を表す。

宇宙の晴れ上がり

　いままでの章で、宇宙の最初は高温プラズマガスで光り輝いており星の内部のように不透明だったとか、その火の玉の残照が 3 K 宇宙背景放射だとか、宇宙初期の高温プラズマガスの見え方が断片的に出てきていました。ここではそれら断片的な話題を繋ぐストーリーを丁寧に追ってみましょう。

　宇宙が非常に高温の時期は、初期の火の玉の中で作られた水素やヘリウムは中性原子の状態になれずに、陽子（原子核）と電子に電離したままでした。宇宙開闢後、約 38 万年経って、宇宙の温度が 3000 K ぐらいまで下がると、プラズマ状態で自由に飛び回っていた陽子（原子核）と電子の大部分は結合して水素原子（やヘリウム原子）になります。これを（陽子と電子の）**再結合**（recombination）と呼びます（**図 6.11**）。もっとも、そ

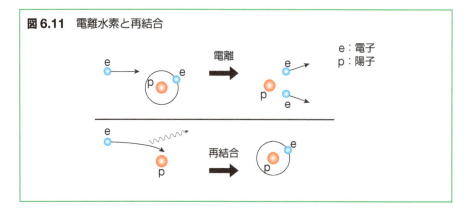

図 6.11　電離水素と再結合

れ以前に陽子と電子が結合していたことはないので、"再"とは変な気がするかと思いますが、そう呼ぶ慣例になっています。

再結合より以前の宇宙では、宇宙の温度が高くて陽子と電子が電離したプラズマ状態になっていたため、光子は自由な電子に邪魔されてまっすぐに進めず、ちょうどロウソクの炎や太陽内部のように、宇宙は不透明でした。しかし再結合以後は、陽子と電子が結合して水素原子になり、水素ガスは光に対して透明なので、光子に対して宇宙は透明になりました。これを**宇宙の晴れ上がり**（clear up）といいます（**図6.12**）。

ちなみに、"晴れ上がり"という言葉からは、晴れ上がり以降は光が燦々と降り注いでくるイメージが湧くと思いますが、実際にはその後は暗黒時代へ突入することになります（後述）。すなわち、晴れ上がり以前は宇宙中が眩しくて何も見えず、以降は宇宙中が次第に暗くなっていきやはり何も見えなかったことでしょう。

宇宙が晴れ上がる以前では、物質と光（放射）は同じ温度のプラズマと放射の混合体でしたが、宇宙の晴れ上がり以降、物質と光は袂を分かち、それぞれの道を歩むことになります。すなわち、物質は、超銀河団・銀河団・銀河・星・生命などの多種多様な構造を形成し、複雑の度合いをますます深めていきます。一方、物質との相互作用が途切れた宇宙初期の光（放射）は、一様で均質なまま、宇宙が膨張するにつれ希薄になって温度が下がっていくことになります。そして、宇宙の晴れ上がり（38万年時点）のときには約3000 Kであったものが、そのとき以来、約1000倍ほど膨張した現在では絶対温度で約3 Kの黒体放射になったのです。これが、現在観

図 6.12　宇宙の晴れ上がり

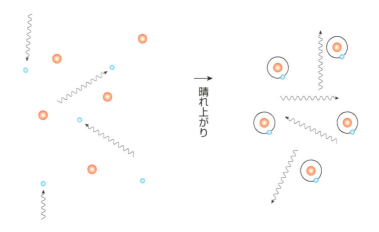

高温で陽子（赤丸）と電子（青丸）が電離していると、光（波線）は電子に邪魔されてしまうが、陽子と電子が結合して原子になってしまうと、光線はまっすぐに進めるようになる。

測される3K宇宙背景放射に他なりません。すでに述べたように、宇宙背景放射は、文字通り、火の玉宇宙の残照なのです。

なお、少し細かい話をすると、一瞬で宇宙が晴れ上がったわけではありません。電離した水素がすべて中性水素になるには、若干の温度幅があるためです。具体的には、火の玉の温度が約4000 Kある24万年時点では水素ガスはすべて電離していますが、その時点から再結合がはじまり、火の玉の温度が約3000 Kまで下がった38万年時点でほぼすべての水素ガスは再結合を終えて中性状態になります。

ウォッチング　光り輝くプラズマの壁

　話を簡単にするために、再結合が一瞬で起こったとして、そのときの宇宙がどのようにみえるのか、想像してみましょう（**図6.13**）。
　再結合直前、宇宙は数千度の高温で光り輝くプラズマガスで満ちており、不透明で一寸先の宇宙の様子もわかりませんでした。再結合が終わった直後、この光り輝くプラズマガスからの光は晴れ上がって透

図 6.13 光り輝くプラズマの壁が光速で遠ざかる

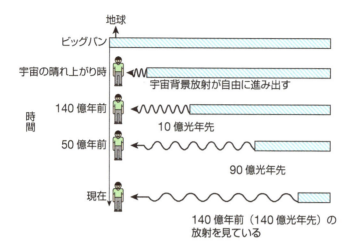

（a）光り輝くプラズマの壁が光速で遠ざかる

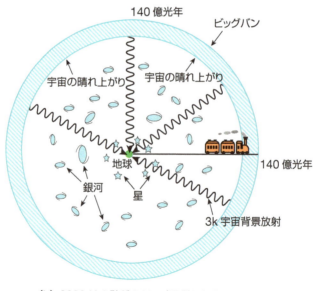

（b）3000 Kの壁が 3 Kで光る壁になる

明になった宇宙空間に放たれます。その光を受け取る観測者からすれば、光は光速で伝わるので、光り輝くプラズマの球状の壁が観測者から光速で遠ざかっていくようにみえることでしょう。

さらに宇宙膨張を早送りしていけば、最初は約3000Kで光り輝いていた球状のプラズマ壁が、宇宙が膨張するとともに、光速で遠ざかりながら次第に温度が下がり光が鈍くなっていくようにみえるでしょう。暗赤色となり、可視光では見えなくなって赤外線で光るようになり、最後にはマイクロ波の電波で観測されることになります。もともと約3000Kで光り輝いていた球状のプラズマ壁は、いまでも約140億光年の彼方をマイクロ波で"光る"球状の壁として、光速で遠ざかっています。地球から観測したこの"光る壁"が3K宇宙背景放射なのです。

宇宙の暗黒時代

光の速さは有限（30万km/s）なので、遠くの天体からやってくる光は過去の宇宙からやってくる光です。すなわち、宇宙で遠くを観測するということは、同時に、過去の宇宙を観測するということになります。そして遠くであればあるほど、より過去の宇宙を観測することになります。たとえば230万光年の彼方にあるアンドロメダ銀河は230万年過去の姿だし、クェーサー3C273は数十億年も昔の姿です。こうしてより遠方の宇宙を観測していくと、現在の観測技術でかすかに観測できる最遠の天体は、宇宙が誕生してから10億年近く経ってからできた天体となります。最初の星や最初の天体はもう少し前にできていたかもしれませんが、それはまだ観測できていません。

逆に宇宙の最初から数えると、最初のころの宇宙は高エネルギーの光り輝くプラズマで不透明でした。しかし宇宙が生まれて約40万年後、陽子と電子が中性水素となって、宇宙は晴れ上がります。その結果、それまで宇宙全体に満ち溢れていた光は物質と切り離され、いまでは3K宇宙背景放射として観測できています。

では、宇宙が誕生してから約40万年後（赤方偏移で約1000）から10億年後（$z = 10$）ぐらいの間はどうなのでしょう。実は、この間の宇宙の

様子は、いまだに観測できていないのです。そのため、この時期は**宇宙の暗黒時代**（dark age）と呼ばれています（**図6.14**）。

　宇宙が観測できない暗黒時代が存在するのは、観測技術が十分でないためもありますが、見るモノ自体が存在しないことも関係しています。というのも、宇宙が晴れ上がったのだから、見通しがよくなって何かが見えそうなものなのですが、たんに宇宙全体が透明になっただけなのです。たしかに、電離したプラズマから中性状態になった水素ガスなどは大量に存在しているはずですが、それらが光っていなければ、何も見えないわけです。おそらく数億年後には最初の星ができたと推定されているので、その最初の星からの光を捕まえることが、宇宙暗黒時代解明の鍵だと考えられています。

　プラズマの光る壁の見え方を、もう一度、振り返ってみましょう。宇宙開闢から38万年後（赤方偏移は約1088、宇宙の大きさは約1億光年）、宇宙は晴れ上がり、物質は無色透明になります。ただし、この時点では、宇宙背景放射の温度はまだ3000Kもあるので、実際には宇宙全体はまだまだ眩しい世界です。だから宇宙の暗黒時代とは言っても、最初のうちは暗黒の宇宙だったわけではないでしょう。しかし宇宙が膨張するとともに、宇宙背景放射の温度は赤方偏移に反比例して下がり、赤黒くなっていきます。そして、数千万年経ち、宇宙が10倍ほど膨らんだころ（赤方偏移は約100、宇宙の大きさは約1億4千万光年）には、人間の体温程度の300Kぐらいに下がってしまうでしょう。しかし、おそらくこの時代、まだ初代の天体——宇宙の一番星——は生まれていません。宇宙に赤外線光子は満ちているでしょうが、可視光の光子はなくなって、宇宙は闇に包まれてしまうでしょう。文字通り、宇宙の暗黒時代が到来するのです。

宇宙の再電離

　さて、火の玉宇宙が膨張して温度が下がり、プラズマガスが"再結合"して中性になって宇宙が晴れ上がったとき、宇宙全体にあまねく存在するガス物質（大部分は水素ガス）は、一部電離していたかも知れませんが、大部分は中性状態で電離していなかったはずです。たしかにそういう状態は、一度はあったと考えられています。ずっとそのままであれば宇宙の歴史は大変にシンプルになったのですが（数十年前はそんなシンプルなシナ

リオでした)、宇宙というか自然は一筋縄ではいきません。アインシュタインの懸念のごとく老獪なのです。

というのは、これら宇宙初期に宇宙全体にあまねく存在していたガス物質は、星や銀河として天体になったもの以外は、現在でも銀河間の空間に薄く拡がって残っています。そして現在、銀河間に存在する宇宙初期から残ってきた希薄なガスは、中性状態ではなくて、ほぼ完全に電離している

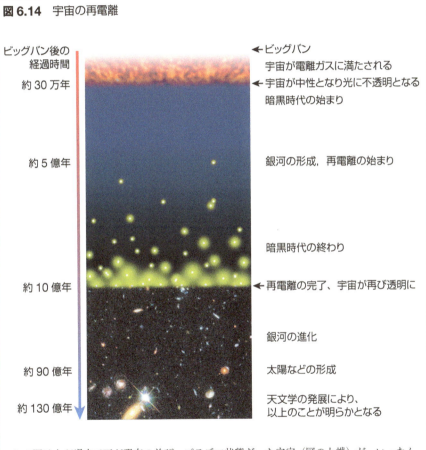

図6.14　宇宙の再電離

この図は上が過去で下が現在の並び。プラズマ状態だった宇宙（図の上端）が、いったんは晴れ上がり（青い領域）、そして宇宙に出現したエネルギー源（黄色の光）によって、再び電離した（図の真ん中より少し下）。

(S.G. Djorgovski et al. & Digital Media Center; Caltech)

のです。ということは、宇宙の晴れ上がり後のどこかの時点で、宇宙のガスが再び電離するという事態が生じなければならなりません。実際、赤方偏移が4とか5ぐらいのあたりにあるクェーサーの観測などから、宇宙の晴れ上がり以降、赤方偏移が6以前のどこかで、宇宙全体の中性水素ガスがふたたび電離したことがわかっています。赤方偏移zが1000ぐらいで宇宙が晴れ上がった後にも宇宙全体の水素ガスが中性のままなら、現在の宇宙も澄み渡っているはずですが、実際には、現在の宇宙は遠くの方が霞んでいるのです。

　赤方偏移が10から20ぐらいで起こったらしいこの水素ガスなどの再電離を**宇宙の再電離**（reionization）と呼んでいます（**図6.14**）。中性状態の水素ガスを陽子と電子に電離するためには、外部からエネルギーを与える必要があります。しかも銀河間に存在するすべての水素ガスを電離させようとなると大変な量のエネルギーが必要になります。そのエネルギーが何かよくわかっていない点も大きな謎なのです。

　宇宙暗黒時代に誕生した初代の天体は、第一世代の星か、あるいはクェーサーか、あるいは他の天体か、まだ確実なところはわかっていません。初代の天体が第一世代の星だった場合、それらは重元素をほとんど含まない、おそらく太陽の100倍から1000倍くらいの質量で、10万度以上の表面温度をもつ星であり、強い紫外線を放射していて、初期宇宙を再電離したのだろうと推測されています。

6.4 宇宙進化のアウトライン

　以上までが、"宇宙の誕生"の物語です。本書は宇宙の誕生をメインテーマとするので、現在の宇宙を形作っている天体の形成については深入りしませんが、一言だけ触れておきます。

　宇宙誕生から約10億年後ぐらいに、暗黒宇宙に最初の星が輝き始め、宇宙は再びにぎやかになっていきます。

　宇宙が膨張するとともに、一方では、星や、星やガスが集まった銀河、そして銀河が集まった銀河団など、さまざまな天体と大規模構造が形成されていきました。銀河や構造が形成され始めたのは、宇宙が誕生してから

30億年ぐらい経ったころです。

　星の内部で合成された重元素が星の死とともに星間空間へ撒き散らされ、何度もリサイクルして、星間ガスには次第に重元素が増えていきました。そして宇宙が誕生して約90億年、いまから46億年前に、炭素やケイ素や鉄、そして窒素や酸素など、重元素を2%ぐらい含む星間ガスから太陽と太陽系が誕生しました。おかげで、太陽のまわりには地球のような固体物質でできた岩石惑星が形成され、生命が発生できたのです。

ウォッチング　星は宇宙の錬金術師

　宇宙の最初のころはほぼ水素とヘリウムしかなかったので、最初の星々もほぼ水素でできていました。当時は地球生物の重要な構成物質である炭素も窒素も酸素もなく、固体地球の主要構成物質のケイ素や鉄などもなかったので、生物はおろか地球のような惑星すら、ありえませんでした。

　しかし、星ができると、その中心部で水素やヘリウムが核融合し、炭素や窒素や酸素が形成されたり、あるいは超新星爆発時などにはマグネシウムや鉄などの金属元素も形成されます。そして、星の内部で作られたこれらの重元素は、恒星風や超新星などによって、星間空間にまき散らされていきます。まき散らされた重元素は、星間空間の水素ガスと混ざり合い、重元素で"汚染"された星間ガスから、つぎの第二世代の星が誕生します。それら第二世代の星々が進化して、ふたたび星間ガスへ重元素をまき散らします。

　こうして、時が経つにつれ、星間空間のガスは重元素をたくさん含むようになり、同時に、後の世代にできる星ほど、含まれる重元素の割合が多くなるわけです。と同時に、後の世代ほど、誕生したばかりの星のまわりにできる原始太陽系星雲中の重元素量も多くなり、したがってダストや固体物質も存在して、惑星の材料物質や生命の材料物質も増えていくのです。

　わたしたちの体を作っている重元素の多く、炭素、窒素、酸素、鉄などはすべて、かつて存在した星の内部で核融合反応により作られたものなのです。星は、水素やヘリウムなどの軽元素を重元素に変換す

第6章　宇宙の晴れ上がりと暗黒時代　131

る、文字通り宇宙の"錬金術師"であり、星の錬金術によって人間の材料が作られたという意味で、わたしたちは星のカケラからできた星の子なのです。

An Illustrated Guide to the Birth of the Universe

第Ⅲ部

宇宙の未来と多宇宙

　第Ⅱ部では宇宙の誕生と初期宇宙について紹介しましたが、その対極として、第Ⅲ部では現在以降の宇宙の進化と宇宙（時空）の外側について考えてみましょう。宇宙は138億年前の誕生以来、膨張を続けて来ましたが、膨張の仕方が約46億年前に変化しています。すなわち、以前は膨張しながらも膨張速度が次第に鈍る減速膨張だったのに対し、最近は膨張速度が増加する加速膨張に変化したのです。このまま加速膨張を続けると、現在から先、未来の宇宙はどのように変化していくのでしょうか。また、通常は宇宙は私たちの宇宙だけだと考えています。しかし、宇宙の誕生や時空の構造への理解が進むにつれ、私たちの宇宙——現宇宙（現時空）——の他にも、別の宇宙——他宇宙（他時空）——が存在する可能性が出てきました。しかも他宇宙があるとすれば、それも無数の他宇宙——多宇宙（マルチバース）——が存在しそうなのです。マルチバースとはいったい何なのでしょうか。この第Ⅲ部では、加速膨張を続ける宇宙の未来と、マルチバースについて紹介します。

第 **7** 章

ビッグチルかビッグリップか──加速膨張と未来

138億年前に開闢して以来、宇宙は膨張を続け、さまざまな天体が形成され、生命が発生して現在まできました。これから先、宇宙はどのようになっていくのでしょうか。20世紀までは、宇宙の熱死やビッグクランチも議論されました。世紀の変わり目ごろに加速膨張が発見され、21世紀にはビッグチルやビッグリップが議論されるようになりました。加速膨張していく宇宙の姿を考えてみましょう。

7.1 加速膨張の発見と宇宙の未来

宇宙開闢時の指数的な膨張をしたインフレーション膨張期の後、宇宙は比較的ゆっくりと膨張するビッグバン膨張期へ移行しました。平坦な宇宙のビッグバン膨張期には、宇宙に存在する物質・エネルギーのために、膨張速度は減少するので、**減速膨張**と呼ばれます。ところが20世紀も末の1998年、驚くべき事実が判明しました。宇宙の膨張は46億年ぐらい前から加速しているらしいのです。減速膨張に対して、これを宇宙の**加速膨張**と呼んでいます。

標準光源となった Ia 型超新星

宇宙では、遠くを見ることは過去を見ることなので、より遠方の宇宙を調べれば調べるほど、宇宙の膨張の仕方はより詳しくわかります。ハッブルの法則をできるだけ遠方まで延長していけばいいのです。

ハッブルの法則の要素のうち、遠方銀河の後退運動の速度は、銀河からの光が十分に捉えられれば、比較的精度よく求まります。遠方の銀河から

やってくる星の光の赤方偏移を測定することによって、どれぐらいの高速で遠ざかっているか、すなわちその"時点"での膨張速度が決定できるためです。しかし、その銀河までの距離がわからないことには、その"時点"がいつなのかがわかりません。そして従来は、銀河までの距離を求めるのが非常に難しく、銀河の距離には不定性が高かったため、遠方宇宙での膨張の割合を求めることが困難だったのです。

そこでアメリカの研究者たちは、遠方の銀河で起こる超新星すなわち星の最期の大爆発に目をつけました。超新星は莫大なエネルギーを放出して光輝くので、銀河本体と同じくらいに明るくなります。だから、星1個1個はかすかで見えないような遠方の銀河でも、超新星が起こればその光を観測することができます。そして、超新星の光を観測することができれば、その光り具合、すなわち見かけの明るさから、遠方の銀河までの距離が見積もれるのです。

もっとも、超新星のもともとの明るさがわからないと、見かけの明るさとの比較はできません。幸いなことに、超新星の中でIa型超新星（図7.1）と呼ばれるものは、爆発時の最大光度が比較的よく揃っています。すなわち、Ia型超新星は真の明るさがだいたいわかっているのです。したがって、遠方の銀河でIa型超新星が起これば、その見かけの明るさを測定して真の

図7.1　Ia型超新星爆発の起こり方

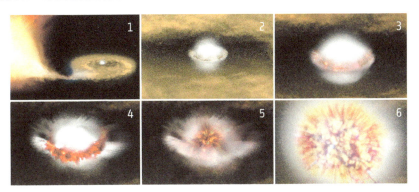

主系列星と白色矮星の連星で、主系列星から白色矮星へガスが降着し、白色矮星の質量が増加した結果、超新星爆発を起こす。白色矮星の質量はおおむね太陽程度なので、Ia型超新星爆発の規模も揃うことになる。

(ESA)

明るさと比べることにより、遠方の銀河までの距離が判明するというしくみです。また、ふつうの銀河ではIa型超新星は300年に1回ぐらいしか起こらない稀な現象ですが、数千個もの銀河を観測すれば、何十個もの超新星を見つけることができるでしょう。

> **エビデンス　モンスター・ハッブル法則**

　Ia型超新星を観測する方法で、研究者たちは、遠方の銀河までの距離と後退速度を詳しく調べていったのです。ハッブルがやったことと同じことを、もっともっと遠方の宇宙まで調べていったのです。ハッブルの法則が拡張されたのです（図7.2）そしてビッグバンモデルの理論曲線と比べることにより、ハッブル定数の値を約72 km/s/Mpcと見積もりました（3章で述べたように、その後、67 km/s/Mpcに

図7.2 拡張されたハッブルの法則

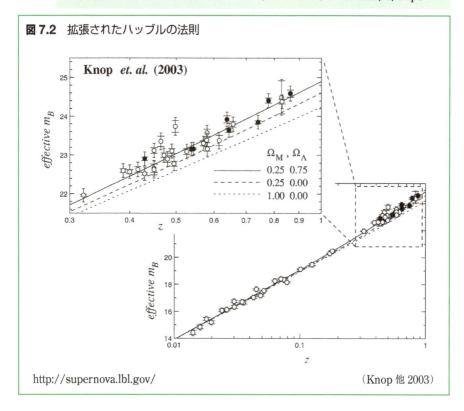

http://supernova.lbl.gov/　　　　　　　　　　　　　　（Knop 他 2003）

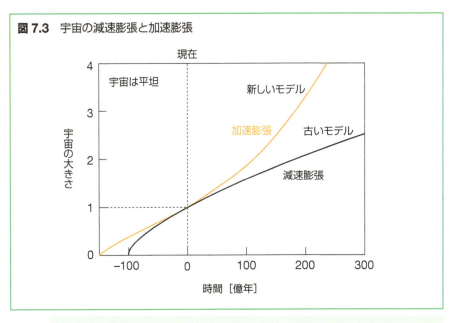

図7.3 宇宙の減速膨張と加速膨張

改訂されました)。

　そして同時に、宇宙膨張が加速しているとの結論を得ました（**図7.3**）。さらに、現在の言い方で言うと、彼らは、"宇宙にはダークエネルギーが存在し、そのダークエネルギーは物質の万有引力に抗して、宇宙を膨張させ、さらに膨張運動を加速させている"と述べたのです。ダークエネルギーについては、また後で述べましょう。

19世紀の宇宙未来予想：宇宙の熱死

　"熱は高温部から低温部へ流れ"（熱力学の第2法則）、"十分に時間が経つと両者の温度が等しくなって熱平衡となる。"（熱力学の第0法則）。これらは自然の摂理のようです。これらの熱力学の法則は、あらゆる自然現象で成り立っているように見えます。では、宇宙全体でも成り立っているのではなかろうか。19世紀末にルードビッヒ・ボルツマン（1844〜1906）はそう考えました。

　宇宙全体にこれらの熱力学の法則を適用してみましょう。現在の宇宙には高温の物体（星や星間の電離ガス）もあれば、低温の物体（惑星や星間

の低温ガスや塵）もあり、さまざまな温度状態の物体（天体）で満ち溢れています。熱力学の第2法則にしたがえば、宇宙においても、高温の天体から低温の天体へ熱が流れているでしょう。そして熱力学の第0法則にしたがえば、十分に時間が経つと、高温の天体は冷え、低温の天体は温まり、いずれはあらゆる天体の温度が等しくなって、熱平衡となるでしょう。もちろん宇宙は非常に広大なので、"十分な時間"というのは、とてつもなく長い時間かもしれませんが、原理的には、いずれ必ず、宇宙全体の温度が等しくなり、宇宙全体が熱平衡状態になってしまうにちがいありません。現在の宇宙のさまざまな天体は、熱平衡でないからこそ、星にせよ生命にせよ、ダイナミックな変化をして、多様な世界を形作っています。しかし、宇宙全体が熱平衡になってしまえば、そこにはもはや何の変化も起こらず、生ぬるい無変化で均質の世界が永遠に続くだけになります。ボルツマンは、はるかな未来に宇宙が熱平衡に到達することを、**宇宙の熱死**と呼びました（図7.4）。

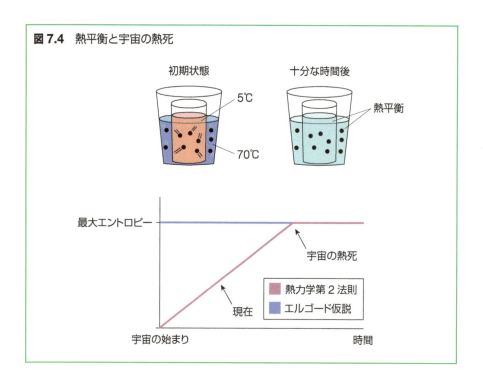

図7.4　熱平衡と宇宙の熱死

図 7.5 20世紀の宇宙未来図

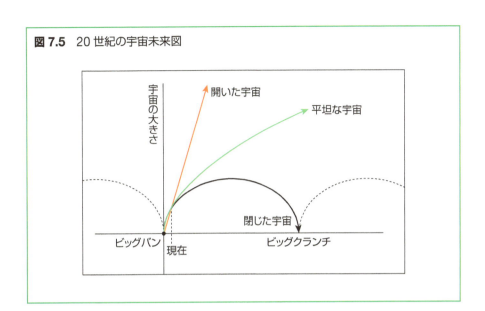

20世紀の宇宙未来予想：3通りの未来図

　20世紀にアインシュタインの一般相対論にもとづいた膨張宇宙モデルが提唱され、宇宙項はないという想定のもとで、3通りの未来図が描かれました（**図 7.5**。第2章も参照）。時空が平坦なまま永遠に膨張する宇宙を境に、時空の曲率が負で永遠に膨張を続ける宇宙と、時空の曲率が正でやがて収縮に転じ最終的には一点に崩壊してしまう宇宙の3通りのパターンです。最後のものは、ビッグバンに対して、**ビッグクランチ**（大崩壊）と呼ばれました。遠方宇宙についての観測が不十分だったため、実際にどのような未来図になるのかは決め手がありませんでした。

　ちなみに、ビッグクランチの場合はともかく、膨張し続ける宇宙では、熱の移動の速度より膨張速度が速ければ、宇宙全体が熱平衡になることはできないので、宇宙の熱死という考えは棄却されました。

21世紀現在の宇宙未来予想：ビッグチルとビッグリップ

　そして宇宙の加速膨張が発見された21世紀現在、復活した宇宙項のもとで、宇宙は（たぶん）永遠に膨張し続けていきそうだと想像されています（**図 7.6**）。

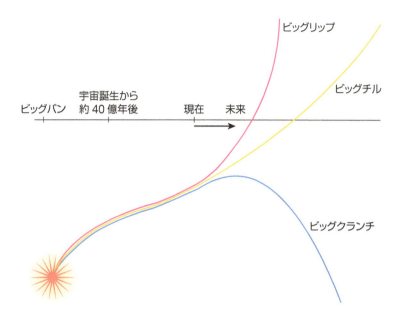

図7.6　21世紀現在の宇宙未来図

宇宙の未来（3つのシナリオ）。横軸が時間で、縦軸が宇宙の大きさ。下から、ビッグクランチ（たぶんない）、永遠に加速膨張する宇宙（現在は一番可能性が高い）、ビッグリップ（もしかしたら）。

　ここで"たぶん"と留保がつくのは、宇宙を加速膨張させている原因、ダークエネルギーの性質がまだよくわからないためです。

　ダークエネルギーの性質によっては、宇宙は指数的に膨張していき、やがては冷たく冷え切った暗い空間になっていくかもしれません。このような宇宙の終末を**ビッグチル**（大凍結）と呼びます。

　あるいはダークエネルギーが特異な性質をもっていれば、宇宙空間の膨張が急激過ぎて、宇宙の構造は銀河系から太陽系、地球、原子へと、大きな構造から順にバラバラに引き裂かれて（リップ）いき、有限の時間で宇宙は終焉を迎えるでしょう。このような宇宙の終末を**ビッグリップ**（大破裂）と呼びます。

　ビッグチルの終末か、ビッグリップの終末か、あるいはその他の可能性があるのか、いまだ議論は尽きません。

7.2 ダークマターとダークエネルギー

観測の進展によって、宇宙には目に見えない闇の存在がたしかにあることがわかってきました。目の前に在りながら、つい最近まで人類の誰一人として気づかなかった暗黒の存在なのです。一つはダークマターという名前で、引力というダークフォースを振るっています。もう一つはダークエネルギーという名前で、斥力というダークフォースを振るっています。これらは、文字通り、宇宙全体を支配し、その進化を左右してきた存在なのです。

ダークマターの発見

こんにち**ダークマター**（dark matter）と呼ばれる闇の存在にはじめて気づいた人間は、スイス出身の天文学者フリッツ・ツヴィッキー（1898〜1974）でした。1933 年、彼はかみのけ座銀河団は存在できるはずがない、と言い出したのです。

銀河団の中で、銀河はランダムに運動しています。銀河団を構成する銀河の明るさから、銀河団の総質量を見積もったところ、その 10 倍はないと、銀河を銀河団につなぎ止めることができないことがわかったのです。銀河団の中には、目に見える質量の 10 倍もの何かが潜んでいるようなのです。

ダークマターの存在について、多くの天文学者が真剣に悩み出したのは1970 年代に入ってからです。いくつもの渦状銀河を調べたところ、回転速度の大きさから見積もった質量が、光で見えている質量の 10 倍もあることが珍しくないことがわかりました。すなわち、一つひとつの銀河にも、目には見えないが重力はおよぼす物質、ダークマターが大量に含まれていることがわかってきました。

ウォッチング | 弾丸銀河団の誕生

弾丸銀河団というニックネームをもつ銀河団 1E 0657-56（**図 7.7**）で起こったできごとを想像してみましょう。

第7章　ビッグチルかビッグリップか——加速膨張と未来　141

数十億年の昔、数百個もの銀河（白色）と銀河の総質量の数倍もの高温ガス（ピンク）そして銀河の総質量の10倍くらいの総質量をもつダークマターからなる巨大な銀河団と、全体的にはその数分の1ぐらいの中ぶりの銀河団が、ほぼ正面衝突コースで運動していました。

　右から移動してきた巨大銀河団と左から飛んできた中銀河団は、10億年ぐらい前に接触をはじめ、数億年から10億年ぐらいかけて、お互いに衝突交叉していきます。

　それぞれの銀河団に含まれている多くの銀河は、銀河自体の星々・ガス・ダークマターの重力によって強く束縛されているので、衝突交叉の間に相手の銀河団から受ける大きな重力摂動で振り回されたりはしたでしょうが、バラバラになったり、多の銀河と合体することはありません。そして当初の運動速度を維持したまま、それぞれの銀河団全体とともに数億年かけてすれ違っていきました。そしていま、当初、右側から飛来した巨大銀河団の多くの銀河は左側に移り、中銀河団の銀河は右側に移動しました。

　一方で、各銀河の内部のガスはともかく、それぞれの銀河団に含まれていた希薄で高温のガス（銀河間ガス）は、すり抜けができませんでした。銀河団内の銀河間ガスは、銀河団全体にのっぺりと拡がっており、銀河団の衝突交叉の過程で、それぞれの銀河団のガス同士はぶつかり合い、衝撃波を引き起こし、運動速度を削られて、銀河団本体が衝突交叉してすり抜けた後にも、高温ガスは取り残されてしまいました。そしていま、取り残された高温ガスは、すり抜けた銀河団の間でX線を放射して光っています。

　最後にダークマターはどうなったのでしょう。巨大銀河団に付随していた膨大なダークマターと、中銀河団に付随していたダークマターは、正体はともかく、多くの銀河とともにすり抜けてしまったことがわかっています。もしダークマターが、高温ガスのようには衝突する性質をもったものなら、高温ガスのように衝突して融合し、ダークマターが銀河団の重力を支配しているので、多くの銀河も引きずられて、中央に溜まってしまったことでしょう。しかし、ダークマターはすり抜けてしまったのでした。

図 7.7 銀河団 1E 0657-56（NASA）

可視光で観測した銀河団と画像（白）、チャンドラ X 線衛星で観測した X 線を放射する高温ガスの分布（赤）と、重力レンズ効果から見積もったダークマターの分布（青）が合成してある。

ダークマターの候補

　ダークマターの正体はまだよくわかっていませんが、以前に挙げられた候補の一つのタイプは、たとえば、ブラックホールとか、質量が小さすぎて星として光れなかった褐色矮星とか、木星のような惑星とか、塵などが考えられます。とにかく、光ってはいないけど質量はもっている普通の物質（バリオン物質）です。このような普通の物質からなる（かもしれない）ダークマターを、重たくて（MAssive）コンパクトな（Compact）ハロ（Halo）領域にある天体（Objects）の頭文字をつなげて **MACHO**（マッチョ）と呼んでいました。ただ、その後の観測から、MACHO はあるにはあるものの、ダークマター全体を説明するには全く足りないことがわかっています。

　ダークマターの候補のもう一つのタイプとしては、素粒子の統一理論である超対称性理論から予想されるフォティーノやジーノなどニュートラリーノと総称される素粒子や、クォーク間の強い力に関連して予想されているアクシオン、ニュートリノ、クォークナゲット、シャドー粒子などなど、

バリオン物質ではない、ある種の素粒子が考えられます。こちらの方は、他の物質とほんのわずかしか（Weakly）影響し合わない（Interacting）質量をもった（Massive）素粒子（Particles）の頭文字をつなげて **WIMP**（ウィンプ）と呼びます。

　ちなみに、ニュートラリーノの質量は陽子の100倍くらいと予想されるので、もしニュートラリーノがダークマターならばコップ1杯に1個ぐらいのニュートラリーノがある勘定になります。一方、アクシオンの質量は電子の1兆分の1ぐらいと予想されるので、もしアクシオンがダークマターならば角砂糖1個の中にもアクシオンが1兆個ある勘定になります。

ダークエネルギーの発見

　すでに述べたように、遠方宇宙の探査によって、宇宙の膨張が加速されていることが判明しました。物質やエネルギーの存在は重力として作用するので、宇宙の膨張を減速させます。逆に、宇宙膨張が加速しているということは、重力とは反対の作用をもった力、いわば斥力が作用していることになります。この宇宙膨張を加速させる力のもとになっているエネルギーが、いまだ検出されていないという意味で、**ダークエネルギー**（dark energy）なのです。

　超新星宇宙論プロジェクトやプランク衛星などの観測（**図7.8**）で得られた、宇宙の内容物を表すオメガパラメータの推定値は、だいたい、

$$\Omega = 1$$
$$\Omega_m（光の物質＋闇の物質）= 0.3$$
$$\Omega_\Lambda（闇のエネルギー）= 0.7$$

というものでした（数値は大づかみ）。

　すなわち、(1)宇宙は平坦であること、そして、(2)通常の物質であれダークマターであれ物質の形態を取ったものが、減速膨張と加速膨張を分ける臨界値の約3割であること（しかないこと）、さらに(3)宇宙項／ダークエネルギーの形態を取ったものが臨界値の約7割も占めていることがわかったのです（**図7.9**）。

ダークエネルギーの候補

　ダークエネルギーの正体は、ダークマター以上に、さらにもまして皆目

図 7.8 宇宙論パラメータの追い込み

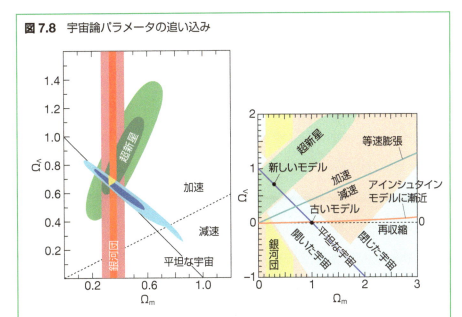

横軸 Ω_m 縦軸 Ω_Λ とするパラメータ平面で、さまざまな観測から宇宙論パラメータの値が絞り込まれてきた。緑：Ia 型超新星探査にもとづく制限域。青：WMAP 衛星の観測による制限域。赤：銀河団など物質分布のパターンによる制限域。

不明です。

　一つの候補としては、真空エネルギーが考えられています（4章）。他の候補としては、クィンテッセンス（第5元素；quintessence）と呼ばれるある種の弱い力の場だという人もいます。また他の次元からエネルギーが漏れているのかもしれません。すなわち、宇宙は高次元空間（余剰次元）に浮かぶ膜だという説があり、ブレーンワールドとか M 理論と呼ばれています。この理論では宇宙である 4 次元時空の外部から重力やダークエネルギーなどの影響が入ってくる可能性があるのです。さらにはファントム物質と呼ばれる、宇宙項よりもさらに斥力が強い存在も考えられています。

　ダークマターやダークエネルギーの正体を突き止めることは、現代宇宙論の最大の課題なのです。

図 7.9 ダークマターの密度とダークエネルギーの密度の時間変化

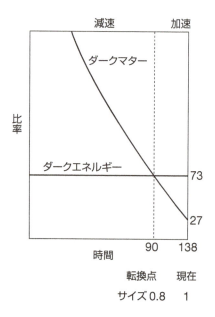

ダークエネルギー密度は一定だが、ダークマター密度は宇宙膨張とともに減少する。ダークマター密度が大きかった時期は減速膨張で、ダークエネルギー密度が大きくなると加速膨張になる。

7.3 加速膨張していく宇宙の未来

　現在の理解では、宇宙の曲率は平坦ではあるものの、ダークエネルギーの存在によって、宇宙は約 46 億年前から加速膨張し始めており、このまま永遠に膨張を続けると考えられています。最後に、平坦で永遠に膨張を続ける宇宙、ビッグチルの終末を迎える場合について、宇宙の未来の姿を想像してみましょう。

(1) 現在

　ビッグバンによる宇宙開闢以来、138 億年ほど経過しています。星や銀河などさまざまな構造が形成されていて、星のまわりにはしばしば惑星が存在しており、地球のように生命を宿した惑星も多数あることでしょ

う。夜空には星が輝き、われわれが出現し生きている時代、それが宇宙の現在です。

(2) 地球の未来

いまから約50億年ぐらい後、太陽の中心部では水素が燃え尽き、太陽は膨張して赤色巨星になります。太陽ぐらいの質量の星が赤色巨星になると、数十倍に膨張するので、水星や金星などは太陽に飲み込まれ、地球も危ないかもしれません（**図7.10**）。

従来の恒星進化理論では、赤色巨星化した際の太陽半径は地球軌道を越えるので、地球も太陽に飲み込まれるだろうと思われていました。しかし一方で、太陽が膨張して太陽半径が大きくなると、太陽表面での重力は小さくなります。さらに表面近傍の温度が下がると、大気内でダストが大量に形成され、それらは太陽光を受けて周囲のガスを巻き込みながら吹き飛ばされます。その結果、外層大気はどんどん宇宙空間に逃げてしまい、太陽自体の質量が現在よりかなり小さくなると予想されます。太陽の質量が減少するにしたがい、地球軌道は次第に外へとシフトするので、もしかしたら地球は飲み込まれないかもしれません。

もっとも、仮に太陽に飲み込まれなかったとしても、赤色巨星化した太陽のすぐそばを回ることになり、地球は灼熱の干からびた岩石のかたまりと化してしまうことでしょう。

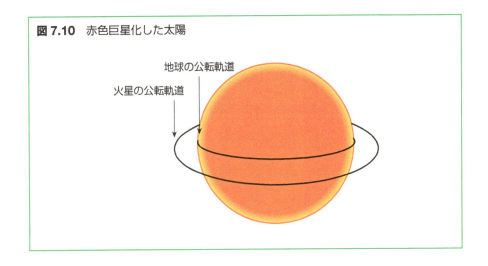

図7.10 赤色巨星化した太陽

(3) 銀河系の未来

銀河系の近くには、大小マゼラン銀河やアンドロメダ銀河など20個ほどの銀河が存在しています。このような銀河集団の中では、銀河同士の衝突や合体がときおり起こります。実際、アンドロメダ銀河はわれわれの銀河系に近づいてきており、約40億年後ぐらいに、銀河系に衝突すると予想されています。銀河同士が衝突しても、（星々の間隔が非常にまばらなので）星々が直接衝突することはないですが、全体の重力場は引き合うために、合体してしまうことがあります。したがって、何百億年か経つうちに、銀河系を含む20個ほどの銀河群全体が合体して、一つの大集団に変貌してしまうでしょう。他の銀河団なども同じような運命を辿るでしょう。

(4) 星々の未来

銀河団が合体しても星々は基本的には影響を受けませんが、星にも寿命があります。重い星だと数百万年、太陽ぐらいの星だと約100億年、核融合を起こせるもっとも軽い星（太陽の質量の8%）でさえ、10兆年かそこらです。

星の原材料である星間ガスが残っている間は、新しい星の誕生もありますが、やがてはガスも枯渇し、新しい星も生まれなくなります。おそらく10兆年から100兆年ぐらいの未来、最後の星の光が消え、宇宙には闇の帳が降りるでしょう。

最後の星の火が消えた段階で、宇宙に存在するモノは、惑星、（太陽の8%の質量よりも軽すぎて核融合の火を灯せなかった）褐色矮星、白色矮星、中性子星、ブラックホール、少量の希薄なガスや塵などの物質（バリオン物質）と、ニュートリノその他のバリオン以外の素粒子、そしてかなり大量の光子となります。光子のエネルギーはとても低いのでほぼ暗黒の宇宙ですが、重力相互作用は残っていますし、何の変化もないわけではありません。

(5) 物質の未来

銀河の星がほとんど白色矮星やその他のコンパクト星になって、もはや光らない暗黒銀河になってしまっても、ニュートンの万有引力によって支配された力学的変化は続いています。暗黒銀河同士の合体も続き、かつて銀河団が存在していた領域には、超巨大暗黒銀河が出現すること

になります（**図 7.11**）。

　また現在でも、銀河の中心には、太陽の数億倍もの質量をもつ超巨大なブラックホールが存在していますが、超巨大暗黒銀河の中心には、もっととてつもない大きさのブラックホールができているかもしれません。

　ところで、普通の星の火が消えたこのような暗黒宇宙でも、たまに輝きが現れないでもありません。たとえば、褐色矮星や白色矮星が衝突すると、衝突のエネルギーを解放して一瞬光ったり、質量の具合がよければ、新たな星として核融合の火を灯すこともありえます。一気に超新星爆発にいたることもあるやもしれません。中性子星に他の暗い天体が衝突して高エネルギー爆発を起こすこともあるでしょう。ブラックホールの近くで他の暗い天体が引き裂かれ、高熱のガスとなって（ブラックホールに吸い込まれる前に）断末魔の叫びをあげることもあります。

　これらは、10の20乗年とか10の30乗年とか、たいそう長い時期の物語になります。そして、10の31乗年ぐらいのはるか未来に、あらゆる物質のおおもとである陽子が崩壊すると考えられています（**図 7.12**）。一般相対論と量子力学が融合すれば話は変わるのかもしれませんが、少なくとも、現在の素粒子物理学は、そう予言しています。陽子が崩壊して、通常の物質、いわゆるバリオン物質は存在しなくなります。

(6) **ブラックホールの未来**

　陽子崩壊後の宇宙に残された最後の天体は、大小さまざまな大きさの

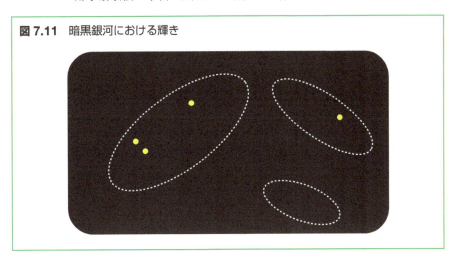

図 7.11　暗黒銀河における輝き

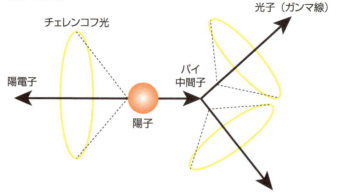

図 7.12 陽子の崩壊

3つのクォークからなる陽子（真ん中）は、2つのクォークからなるパイ中間子（右）と陽電子（左）に崩壊する。

無数のブラックホールだけでしょう。まとまりをもった天体としてではないものの、ブラックホール以外にも、陽子崩壊前から存在していた少量のガスや光子やニュートリノ、そして陽子崩壊で生じた、陽電子、ニュートリノ、パイ中間子、光子などが存在しているでしょう（**図 7.13**）。とても侘しそうな宇宙ですね。

しかし、最後の天体、ブラックホールも、はるかな未来には蒸発する運命にあります。

ブラックホールの蒸発時間は、ブラックホールの質量の3乗に比例して長くなります（**図 7.14**）。たとえば、太陽質量のブラックホールは、約 10 の 67 乗年で蒸発しますが、太陽の百万倍の質量のブラックホールだと蒸発するまでに 10 の 83 乗年ぐらいかかり、銀河の中心の存在する太陽の1億倍くらいの超巨大なブラックホールではなんと 10 の 100 乗年以上もかかります。10 の 100 乗年といえば、われわれにとっては永遠と同じようなものかもしれませんが、それでも原理的には有限の未来に、すべてのブラックホールは蒸発してしまうのです。

ブラックホールが蒸発してしまった後には、宇宙の膨張によって極度に赤方偏移しエネルギーの低くなった光子、ニュートリノ、電子と陽電子などが、栄華をきわめた過去の宇宙の亡霊のように漂っていることでしょう。

図 7.13 陽子崩壊後の宇宙

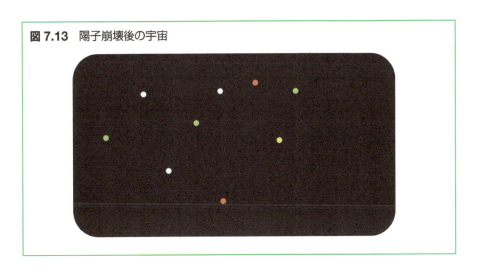

図 7.14 ブラックホールの蒸発時間

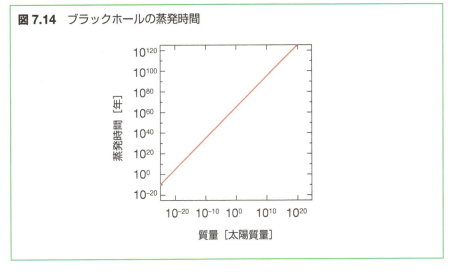

第7章 ビッグチルかビッグリップか──加速膨張と未来 | 151

第 **8** 章

マルチバース――多宇宙はあるのか

　宇宙という言葉は、紀元前2世紀（前漢時代）の書物『淮南子』にある

　　　往古来今謂之宙　天地四方上下謂之宇

に由来するもので、宇が空間を表し、宙が時間を表しています。相対論の言葉では4次元時空という意味です。英語のユニバース（universe）はラテン語のunum（一つという意味）とvertere（変わるものという意味）からきていて、一つに変わるということから、統合されたものという意味合いになります。本章では、宇宙そのものの実相と、他の多くの宇宙の可能性について考えてみましょう。

8.1 限りなく幸運な宇宙

　宇宙空間は真空ですし星々は熱すぎるでしょうし、ふつうの感覚では、生命の生存にとって、宇宙は非常に厳しい環境のように思えます。しかし、素粒子の世界から宇宙全体までの理解が進んでくると、生命の存在にとって、この宇宙は限りなく幸運な状態になっているように思えるのです。4次元時空という宇宙の構造や万有引力定数やハッブル定数などの物理定数が、星や生命が存在できるような値に奇跡的に微調整されているとしか思えないフシがあるのです。

ちょうどよい時空の次元

　まず時空の次元を考えてみましょう。もし時間がなかったらものごとの生起には意味がなくなるでしょうし、時間の次元が2つ以上あれば未来の予測が不可能になるでしょう（**図8.1**）。ものごとの生起が順序よく進み、

152　第Ⅲ部　宇宙の未来と多宇宙

図 8.1 時間の次元と空間の次元

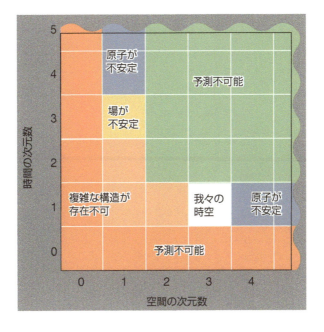

原因があって結果が生じる因果律が成り立つためには、時間の次元が1つというのは非常に重要です。

また空間の次元についても同様です。もし空間の次元が1次元や2次元だと、タンパク質のような立体構造が作れないので、生命など複雑なシステムは発生できなかったでしょう（**図 8.2**）。さらに重力作用や光の伝播にとっても、空間の次元が3つというのは重要な意味があります（**図 8.3**）。

図 8.2 単純な2次元世界

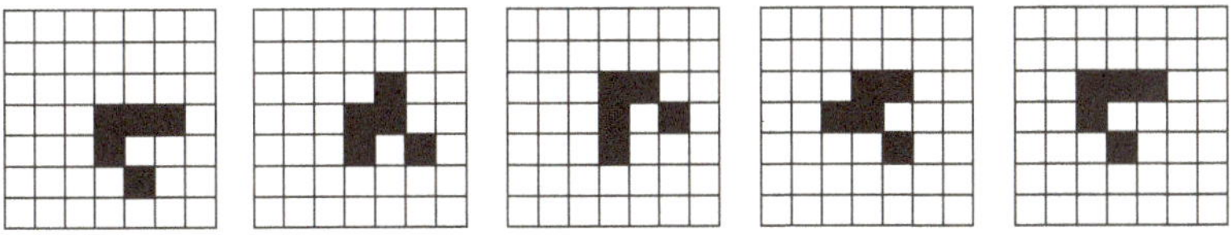

単純なルールで単純なパターンが移動するが、とうてい生き物とは思えない。

図 8.3 3次元空間における重力力線（光線も同様）

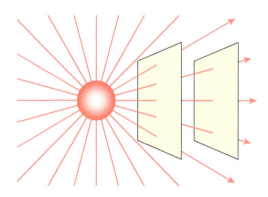

質量を中心とする球の面積は、中心からの距離の2乗で増えていく。重力力線の全本数が一定ならば、単位面積あたりの重力力線の本数（密度）は距離の2乗に反比例して減少する。これはまさに、重力の強さが距離の2乗に反比例して減少するという、万有引力の性質そのものだ。これも空間の次元が3だからこそ起こる。

空間3次元というのは、物理法則が非常にうまく成り立つ次元数なのです。

ちょうどよい物理定数の値

5章で述べたように宇宙には4つの力がありますが、それらの力の大きさも、非常に微妙な値にファインチューニング（微調整）されているように思えます。

たとえば、万有引力定数が大きすぎると星はつぶれてしまったでしょうし、逆に小さすぎると星として集まれなかったでしょう。また電磁力（クーロン力）が強すぎたら、核力で結びつけられている原子核はクーロン斥力で壊れてしまい、原子というものが存在できなかったはずです。逆に、核力（強い力）がほんのわずかに大きいだけでも核融合の確率は急激に高くなるので、宇宙初期に水素はすべてヘリウムになり、星の寿命は短くなってすぐに爆発していたことでしょう。さらに、弱い力がもう少し大きかったら、中性子のベータ崩壊が早く起こりすぎて宇宙初期の元素合成は進まなかったでしょうし、逆にもう少し小さかったら、中性子が崩壊しにくく、宇宙初期の核反応でヘリウムだけになってしまったでしょう。

このように考えると、自然界の4つの力の大きさが非常に微妙に"ちょ

図 8.4 電磁場の強さと強い核力の強さ

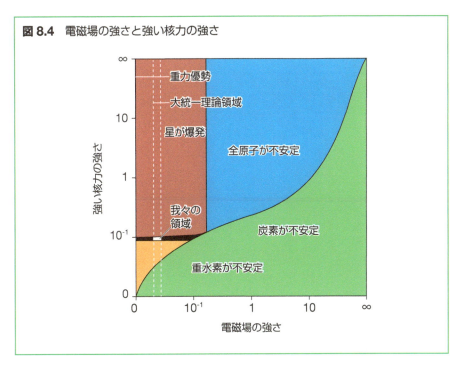

うどいい"値に調整されていることがわかります（**図 8.4**）。

　あるいは、宇宙膨張において、宇宙開闢時にインフレーション的急膨張が起こっため、現在の宇宙は非常に平坦で Ω の値が 1 になっています。この Ω の値が 1 程度であるということは、実は、星や銀河や生命の形成にとっても重要な問題なのです。というのも、Ω が 1 よりもかなり小さい開いた宇宙だと、宇宙に存在する物質・エネルギーの量が少ないために宇宙は急速に膨張し、重力収縮で星や銀河が生まれることができません。逆に、Ω が 1 よりも十分に大きい閉じた宇宙だと、宇宙は膨張をはじめるやいなやすぐに収縮してしまい、星や銀河が生まれる暇がありません。Ω が 1 程度の平坦な宇宙の場合でのみ、星や銀河が生まれて、したがって生命も誕生したのです。

　宇宙膨張の速度もファインチューニングされています。ビッグバン膨張宇宙の初期、膨張速度が"ちょうどよかった"ため、核融合は軽元素まででストップしました。もし宇宙膨張の速度が少し遅ければ、高温で高密度な状態が長く続くので核反応が十分に進行し、宇宙中が鉄やニッケルだら

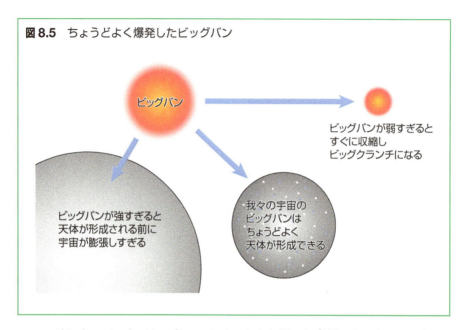

図 8.5　ちょうどよく爆発したビッグバン

けになっていたでしょう。これは、かなり困った事態になったでしょうが、困った事態を認識する生命もいなかったでしょう。逆に宇宙膨張の速度が速すぎたら、宇宙の物質が急激に希薄になって星や銀河として集まれなかったでしょう（**図 8.5**）。

　前の章で問題になった真空のエネルギー密度についても同じことが言えます。理論的には真空のエネルギー密度は物質のエネルギー密度より120桁大きいことが予想されます。しかし、そんな値は生命にとってアウトです。理論的に予想される値より120桁ぐらい小さくて、現在の物質のエネルギー密度程度でないと、生命が存在できないのです。

　このような例は枚挙にいとまがありません。

ゴルディロックス問題

　イギリスの童話に、「ゴルディロックスと三匹の熊」という物語があります。大筋、以下のような物語です。

　　森に散歩に出かけたゴルディロックスは、一軒のお家に辿り着きました。ノックをしても返事がないので、お家に入っていきました。そうすると、台所のテーブルの上にはオートミール（ぞうすい）の入っ

たお椀が３つありました。ゴルディロックスは腹ぺこだったので、最初の一番目の雑炊を試したら熱すぎ、二番目は冷たすぎます。しかし三番目を味見したら、"ちょうどいい"温かさだったので、全部平らげてしまいました。ゴルディロックスが隣の居間に入ってみたら、そこには椅子が３脚ありました。ゴルディロックスは疲れていたので椅子に座ろうとしましたが、最初の椅子は大きすぎ、二番目はもっと大きすぎます。しかし三番目は"ちょうどいい"大きさでしたが、座った途端に壊れてしまいました。ぐったりしたゴルディロックスが二階の寝室に入ると、そこにはベッドが３つありました。最初のベッドは堅すぎ、二番目は柔らかすぎます。しかし三番目のは"ちょうどいい"堅さだったので、そのベッドで眠り込んでしまいました。そこへ三匹の熊が帰ってきて…

　私たちの住む宇宙が生物の存在にとって"ちょうどいい"ように調整された状態になっていることを**ゴルディロックス問題**とか**ゴルディロックスの謎**と呼びます。また基本的な物理定数の"ちょうどいい"値をゴルディロックス因子と呼ぶこともあります。

　私たちがたまたま住んでしまった宇宙は、なぜ、ゴルディロックスが出会った熊の家のように、住みやすいのでしょうか。ゴルディロックスの出会った家には持ち主（熊）がいたように、私たちの宇宙にも"持ち主"がいるのでしょうか。その"持ち主"はいつか戻ってくるのでしょうか。あるいは、私たちの宇宙は、とてつもない情報量を操作できる"だれか"のコンピュータシミュレーションなのでしょうか。それとも"だれか"の夢にすぎないのでしょうか。

　そうではないと言い切ることも、否定証明もできません。

8.2 平凡原理と人間原理

　生命や人間にとって限りなく"幸運な宇宙"が、まったくの偶然の産物だという考え方もあります。宇宙は唯一無二の存在で、偶然に無から４次元時空として生じ、適切な物理法則が出現し、うまい具合に物理定数の値を微調整され、たまたま銀河辺境の惑星に生命が発生し、偶然に偶然が積

み重なっていまにいたったというものです。しかし、ここまで都合のよい宇宙が、偶然にできあがる確率は、限りなく0に近いでしょう。それよりはまだ、神様なり造物主なりが、下手なりに、いまの宇宙を意図的に設計した方がありそうな気がするぐらいです。

ここで、宇宙と生命に関する科学者の立場は2つに分かれるようです。人間の存在によって宇宙が特別なモノになっているという立場と、宇宙は無数に存在しており、たまたま幸運な宇宙に住んでいるという立場です。

平凡原理

かつては地球は宇宙の中心にあり、太陽が地球のまわりを回っていると信じられていました。しかし科学が発達して、自然界と宇宙の姿が次第に解明されていくうちに、地球は宇宙の中心などではなく、太陽でさえ銀河系辺境の何の変哲もない恒星で、さらに銀河系のような巨大なシステムは宇宙全体に何千億個も存在していることがわかってきました。地球も生命も人間も、大宇宙の中ではとりわけ特別な存在というわけではないだろうと、現在では考えられています。このようなコペルニクス的な考え方を**平凡原理**と呼ぶことがあります。

それに対し、宇宙の物理定数が微妙に調整されていて、いまの宇宙で、星や生命や人間が存在できるのは、まさに人間の存在がその原因だという考えが**人間原理**（anthropic principle）です。

弱い人間原理

そのような立場の考えとして、アメリカの物理学者ロバート・ディッケ（1916～1997）は、1961年、宇宙の年齢、いまという時期の特殊性を指摘しました。すなわち、人間あるいは一般には宇宙を観測できる知的生命が存在するためには、宇宙の年齢は100億年程度でなければならないと述べたのです。

もし宇宙がまだ若すぎて、たとえば10億歳ぐらいの時期だと、恒星内部の核融合で合成される炭素などの重元素量が十分に星間空間にたまっていないため、炭素型の生命はまだ発生していないでしょう。

逆に、宇宙の年齢が大きすぎて、たとえば10倍もあったら、主系列星はその寿命を終え、安定な惑星系はなくなってしまっているでしょう。

宇宙の年齢が 100 億歳程度のこの時期にのみ、人間という知的生命が存在して宇宙を認識できるのです。人間原理の中で、宇宙の歴史において、いまが非常に特殊な時期であり、この時期にこそ知的生命である人間が存在しているという考えを**弱い人間原理**と呼んでいます。

強い人間原理

一方、"人間原理"という用語を名付けたオーストラリアの理論物理学者ブランドン・カーター（1942～）は、1973 年、もっと強い主張をしました。カーターは、物理定数が適当な値ではなくて生命や人間が存在できなかった宇宙は、そもそも観測されず認識もされないのだから、存在していないのと同じだと主張しました。逆に、生命や人間が存在できる範囲に物理定数が微調整されたこの宇宙は、その結果として生命や人間が存在し、そして人間がいるからこそ認識されるので、その必然として宇宙が存在しているのだと主張したのです。このような強い主張を**強い人間原理**と呼んでいます。

人間原理は多くの研究者の興味を引きつけるようで、ホーキングら著名な研究者がいろいろな立場から言及しています。そして研究者それぞれによって、人間原理の考え方は少しずつ異なりますが、大枠は似ています。

たしかに、人間が居るから宇宙に意味がある、というような考え方は魅力的なところもありますが、人間原理を受け入れると、宇宙と人間は特別だということになってしまうので、コペルニクス以前の宇宙観に逆戻りです。そのためか、最近は、あまり人気がないようです。

8.3 無限宇宙、無量宇宙、膜宇宙、多世界、マルチバース

この宇宙が限りなく幸運だとか、人間原理が必要だとかなるのは、宇宙が一つしかないという前提があるためです。もし宇宙が無数にあれば、その一つがたまたま限りなく幸運でもいいでしょう。SF では古くからパラレルワールド（並行世界）として知られているアイデアですが、科学の分野では**マルチバース**（**多宇宙**；multiverse）と呼ばれています。

多宇宙には、いろいろなタイプがあり、マックス・テグマーク（1967～）

第8章　マルチバース——多宇宙はあるのか　159

表8.1 テグマークによるマルチバースの分類

マルチバース	概要	特徴	要請
レベルⅠ	宇宙の地平線の向こう側	物理法則は同じ	空間の広がりは無限
レベルⅡ	多数の泡宇宙	基礎的な物理法則は同じだが次元数や物理定数が異なる	インフレーション理論が正しい
レベルⅢ	量子論的な多世界	同上	量子論が正しい
レベルⅣ	我々と異なる数学を持つ世界	物理法則とそれを記述する数学自体が異なる	数学的構造は物理的に実在する

の分類にしたがって、順に眺めていきましょう。

レベルⅠマルチバース：無限宇宙

　まずレベルⅠマルチバースは、同じ宇宙の一部ではあるものの、無限の彼方にある領域です。何度か触れたように、現在の最新の宇宙論では、宇宙は"無限"だと考えています。もし宇宙が無限に拡がっていて、物質も無限に拡がっていれば、非常に大きい（しかし無限よりは小さな）距離の宇宙では、近傍宇宙と同じ状況が繰り返し出現するでしょう（**図8.6**）。したがって、とてつもなく大きな距離の遠方宇宙には、地球によく似た惑星が存在し、人間のような生物が闊歩しているかもしれません。別の方向の無限遠方にも、別の"地球"があってもいいでしょう。方向は無数にあるのだから、遠方宇宙には"地球"が無限個存在しうるかもしれません。"無限"ということは、あらゆる可能性を含むということなのです。これが**無限宇宙**です。

レベルⅡマルチバース：無量宇宙と膜宇宙

　レベルⅡマルチバースは、物理法則は同じですが、物理定数などの値が違う世界です。

　たとえば、宇宙が急激なインフレーションを起こしたとき、宇宙全体がどこでも同じように急速膨張するとは限りません。ちょうど風船を膨らませたときに、その一部がプクっと膨らんでいく感じで、宇宙の一部が本体とは別に急速膨張して枝分かれし「子宇宙」となったり、さらに子宇宙が

160 ｜ 第Ⅲ部　宇宙の未来と多宇宙

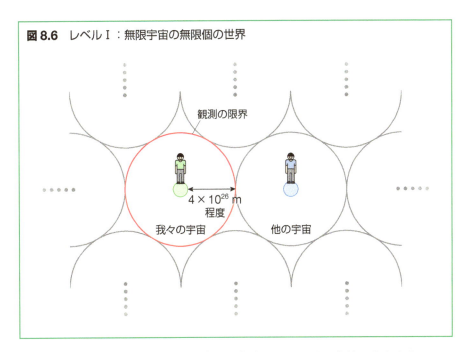

図 8.6 レベルⅠ：無限宇宙の無限個の世界

枝分かれして新たな「孫宇宙」へ急成長していく可能性があります。このような部分的インフレーションによって、多数の子宇宙や孫宇宙が多重発生し得るのです。これらの多重発生した宇宙を**無量宇宙**と呼びます（**図 8.7**）。

　無量宇宙の大本は一つなので、物理法則はすべてで共通していますが、枝分かれした各宇宙の膨張速度などは違っていても構いません。したがって、無数の無量宇宙のほとんどすべては生命の存在に不適かもしれないものの、運よく生命の存在にふさわしいところもあるでしょう。

　さらに本書では触れませんでしたが、宇宙は高次元時空の中での"膜"のようなものだという考えがあり、膜のことをメンブレーンということから、**膜宇宙**（ブレーンワールド）と呼ばれています（**図 8.8**）。"膜"がたった一つしかないと考える理由はありません。高次元時空には、むしろ無数の膜が存在していて、相互作用したり衝突したりしている可能性もあります。これも多宇宙の一種です。

図8.7 レベルⅡ：インフレーション多重宇宙

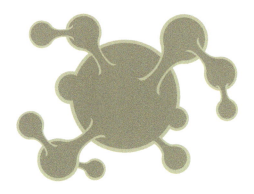

局所インフレーションが子宇宙や孫宇宙を無限連鎖で生んでいく。

図8.8 レベルⅡ：膜宇宙

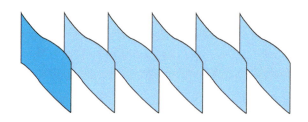

我々の宇宙は高次元に空間に浮かぶ膜のようなものという考え。ブレーンワールドどうしは相互作用したり衝突したりしているかもしれない。

レベルⅢマルチバース：多世界

　レベルⅢマルチバースは、ミクロな現象を記述する「量子力学」にかかわるものです。

　量子力学で取り扱う原子や素粒子などミクロな世界では、ものごとの本質は不確定であり、素粒子などの状態は「波動関数」というもので表される無数の可能性の重ね合わせになっています（4.3節）。そして、コペンハーゲン解釈と呼ばれる伝統的な見方では、素粒子などの対象を"観測"

するたびに、無数の状態の中から可能性が最大の状態が実現する、とされてきました。しかしヒュー・エヴェレット（1930〜1982）という研究者が、観測をした瞬間、ある確率でもってただ一つの状態が選択されるのではなく、むしろ観測によって、可能な状態すべてが実現するのではないか、という説を1957年に提唱しました。

言い換えれば、"観測"あるいはもっと一般的に量子力学的"選択"が行われる都度、可能なすべての宇宙が観測時点から枝分かれしていき、それらすべてが実在の宇宙となる（**図8.9**）、と考えたのです。そのため、この解釈は**多世界解釈**（many-worlds interpretation）と呼ばれています。これが**多世界**（many-worlds）です。

エヴェレットの多世界解釈では、宇宙が分岐したときに観測者自身も分岐してしまいます。そして分岐した観測者の一人ひとりについてみれば、自分の属する分岐宇宙しか知覚できません。つまり、観測者にとっては、通常の量子力学の法則にしたがって、一つの状態が選択されたと認識することになります。

また宇宙が分岐していくと考えると、エネルギー保存などが成り立たない印象を受けますが、そもそも、観測対象だけでなく観測者も含めた宇宙全体が、最初から重ね合わせの状態で無数に存在しているのなら、そしてそれら無数の宇宙が実在化するのであれば、問題はないかもしれません。

レベルⅣマルチバース：魔法世界?

ここまでの、レベルⅠからレベルⅢまでの多宇宙で共通しているのは、数学法則と物理法則です。宇宙の初期条件や物理定数が違う場合はあるかもしれないですが、宇宙を支配する物理法則は同じだと暗黙に仮定しています。しかし、1＋1が3になるような世界が存在しないという保証はありません。エネルギー保存や因果律が成り立たない世界もあるかもしれません。魔法が使える世界さえ、存在するかもしれません。このような物理法則や数学的構造そのものが異なる想像さえ不可能な異界が**レベルⅣマルチバース**です。

宇宙と人間のしくみと理由

約138億年前にはじまった私たちの宇宙は、まず時空と物質が生まれ、

第8章　マルチバース——多宇宙はあるのか　163

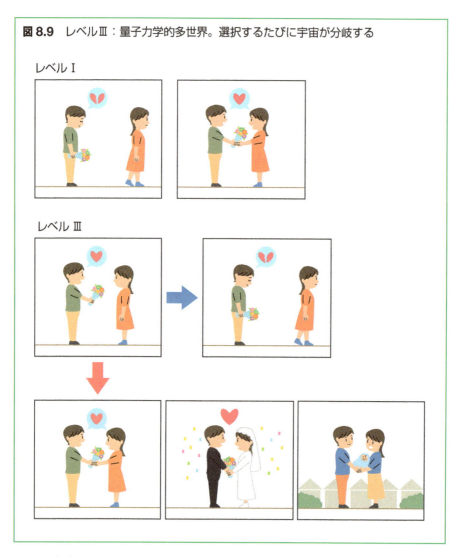

図 8.9 レベルⅢ：量子力学的多世界。選択するたびに宇宙が分岐する

　水素やヘリウムなどの軽元素が合成され、星や銀河などの諸天体が形成されていきました。その後、初代の星の内部で、炭素や窒素や酸素などの重元素が形成されます。それらの重元素が材料となって、ようやく惑星をもった星が形成され、そしてついに生命も発生しました。時空の誕生からはじまり、無機物、有機物、生命にいたる、長い長い連鎖の果てに、私たち人間が存在します。

その私たち人間が、人間を生み育んだ宇宙を何とか理解しようと努め、宇宙について随分と理解が進んだのが、現代という時代です。

　私たちは、いま、現在の宇宙の構造がどんなふうなのか（what）、宇宙がいつ（when）はじまり、どのように（how）進化してきたのか、かなり詳しく知っています。

　しかし、宇宙と人間がそもそもなにもの（who）なのか、宇宙と人間がなぜ（why）存在しているのか。根本的ななぞには、まだ答えられていません。宇宙の果てしない深遠さを知ったのも、現代という時代です。

おわりに

　天文に関する一般講演会などで最後の質問タイムになったとき、"ブラックホールって何？"、"宇宙人はいるの？"、そして"宇宙のはじまり（や外）はどうなっているの？"が、何十年も変わらない宇宙の"鉄板"三大質問です。またこれらはぼく自身も不思議に思っていたことであり、結局は、ブラックホール天文学の研究へ進んで、いつの間にか30年以上も経ちました。そのおかげで、一応は専門家として、ブラックホールに関わる本は何冊も書きました。一方、宇宙論についても相変わらず興味はあり、ブラックホールと同じく一般相対論で扱えるので、いろいろな折りに勉強を進めてきました。その結果、宇宙論の専門家ではないのですが、宇宙論の本も何冊か書くことになりました。専門家でない人間が勉強しながら書いたので、もしかしたら案外とわかりやすかったかもしれません。その一冊が本書のベースともなった、『完全独習　現代の宇宙論』（講談社、2013年）です。

　今回、"絵でわかるシリーズ"での"宇宙論"の本の執筆を依頼されたとき、新しいことが書けるかどうか少し悩みました。しかし、「はじめに」でも書いたように、百聞は一見にしかず、絵――それもカラー図版――を利用しての書籍ということで、執筆を引き受けました。ゲームのリメイク作のような感じでしょう。そう思うと、本書の執筆も楽しくなりました。執筆者が楽しく書いていないと、読者の方も楽しく読めないですよね。

　本書の話自体は数年前からありましたが、2017年に正式に依頼されて1年ほど掛けて、大部分を執筆しました。法人化以降の大学は相変わらず雑用の嵐で、本書の執筆が一服の清涼剤になってくれました。

　さて、講談社サイエンティフィク出版部の慶山篤さんには、企画の提案

から、構成案の検討、そして適切なコメントや編集など、さまざまな面で
大変お世話になりました。この場を借りて深くお礼申し上げます。また本
書を手に取られた読者のみなさんには最大級の感謝をいたします。本書が
現代の宇宙論を理解する一助になればとても嬉しいですし、さらに本書が
科学を楽しむきっかけになれば著者も望外の喜びです。

2018 年 8 月
京都吉田山麓にて

福江　純

参考文献

　宇宙論をテーマとした一般向けの解説書はあまりに多いので、どれかを選んでここで挙げるのは諦めました。ここでは、ぼく自身が読んで面白かったもの（手元に残しているもの）を数点ほど挙げておきます。

　フランク・ウィルチェック『物質のすべては光』ハヤカワ文庫、2012 年

　ミチオ・カク『パラレルワールド』NHK 出版、2006 年

　リサ・ランドール『ワープする宇宙』NHK 出版、2007 年

　吉田伸夫『光の場、電子の海』新潮選書、2008 年

　ポール・デイヴィス『幸運な宇宙』日経 BP 社、2008 年

　マックス・テグマーク『数学的な宇宙　究極の実在の姿を求めて』講
　　談社、2016 年

索 引

数字・アルファベット

3K宇宙背景放射　52

$\alpha\beta\gamma$理論　43

C場　47

MACHO　143

QCD相転移　101

WIMP　144

あ

アインシュタイン方程式　24

い

一般相対性理論　24

一般相対論　24

因果律　48

インフレーション　4, 69

インフレーション宇宙　69

う

ウィークボソン　92

宇宙原理　26

宇宙項　29

宇宙進化論　2

宇宙定数　29

宇宙の暗黒時代　6, 128

宇宙の再電離　130

宇宙の熱死　138

宇宙の晴れ上がり　6, 124

え

エネルギー保存則　48

か

核子　88

核力　93

仮想粒子　74

加速膨張　134

完全宇宙原理　46

き

基本粒子　90

基本力　93

強粒子　93

虚時間　80

銀河　37

く

クォーク　94

グルーオン　94

け

軽粒子　94

ケプラーの法則　14

原子核　88

元素　114

減速膨張　134

元素合成の時代　116

こ

光子　90

光速度不変の原理　23

後退速度　37

膠着子　94

古典力学　106

古典論　106

ゴルディロックスの謎　157

ゴルディロックス問題　157

さ

再結合　123

し

視差　13

実証科学　9

質量保存則　48

弱ボース粒子　92

重元素　117

重粒子　94

重力　18

重力子　91

重力力線　19

初期条件　67

真空　74

真空エネルギー　75

真空の相転移　4, 75

せ

静止宇宙モデル　29

赤方偏移　37

絶対空間　17

絶対時間　17

潜熱　73

そ

相転移　72

素粒子　93

た

ダークエネルギー　144

ダークマター　6, 141

第1の相転移　104

第2の相転移　103

第3の相転移　101

第4の相転移　101

大統一時代　104

大統一理論の真空　104

大統一理論の相転移　103

太陽中心説　10

多宇宙　159

楕円の法則　15

多世界　163

多世界解釈　163

ち

地球中心説　10

171

地動説　10

地平線　65

地平線問題　66

中間子　94

中性子　88

調和の法則　16

つ

対消滅　112

強い相互作用　93

強い力　93

強い人間原理　159

て

定常宇宙モデル　46

天球　56

電子　88

電磁相互作用　90

電磁波　50

電弱時代　103

電弱相互作用の真空　103

電磁力　90

天地開闢　3

天動説　10

電波天文学　50

電離気体　99

と

同位体　89

特異性問題　78

特異点　78

特異点定理　78

特殊相対性理論　24

特殊相対論　24

閉じた宇宙　34

ド・ジッター宇宙　80

ドップラー効果　37

トンネル効果　85

に

人間原理　158

ね

年周視差　13

は

場　107

ハッブルの法則　38

ハッブル分類　36

ハドロン　93

場の古典論　107

場の量子論　106, 107

バリオン　94

反応ネットワーク　117

万有引力の法則　18

ひ

ビッグクランチ　139

ヒッグス場　101

ビッグチル　140

ビッグバン宇宙モデル　44

ビッグバン膨張宇宙　4

ビッグリップ　140

火の玉　44

開いた宇宙　34

ふ

ファイアボール　44

プラズマ　5, 99

プランク時間　4, 71

プランク時代　104

プランクスケール　71

プランク長さ　71

へ

平坦性問題　68

平坦な宇宙　35

平凡原理　158

ベータ崩壊　91

ほ

膨張宇宙モデル　33

ま

マイクロ波宇宙背景放射　52

膜宇宙　161

マルチバース　159

み

密度パラメータ　33

む

無からの宇宙の創生　83, 87

無境界仮説　80

無限宇宙　160

無量宇宙　161

め

メソン　94

面積速度一定の法則　15

ゆ

湯川ポテンシャル　94

よ

陽子　88

弱い相互作用　92

弱い力　92

弱い人間原理　159

ら

ラムダ項　29

り

粒子　106

粒子時代　102

量子　107

量子化　107

量子場　107

量子力学　107

量子論　107

れ

レプトン　94

わ

ワインバーグ–サラム相転移　102

著者紹介

福江　純（ふくえ　じゅん）

1956年山口県宇部市生まれ。1978年京都大学理学部卒業。1983年同大学大学院（宇宙物理学専攻）修了。京都大学理学博士。大阪教育大学助手、助教授を経て、現在、大阪教育大学天文学研究室教授。専門は理論宇宙物理学、とくにブラックホール降着円盤やブラックホールジェットなど。天文教育にも関心が深い。

NDC467　182p　21cm

絵でわかるシリーズ
絵でわかる宇宙の誕生（うちゅうのたんじょう）

2018年9月21日　第1刷発行

著　者　福江　純（ふくえ　じゅん）
発行者　渡瀬昌彦
発行所　株式会社 講談社
　　　　〒112-8001　東京都文京区音羽2-12-21
　　　　　　　販　売　(03) 5395-4415
　　　　　　　業　務　(03) 5395-3615
編　集　株式会社 講談社サイエンティフィク
　　　　代表　矢吹俊吉
　　　　〒162-0825　東京都新宿区神楽坂2-14　ノービィビル
　　　　　　　編　集　(03) 3235-3701
本文データ制作　株式会社 エヌ・オフィス
カバー・表紙印刷　豊国印刷 株式会社
本文印刷・製本　株式会社 講談社

落丁本・乱丁本は、購入書店名を明記のうえ、講談社業務宛にお送りください。送料小社負担にてお取替えいたします。なお、この本の内容についてのお問い合わせは、講談社サイエンティフィク宛にお願いいたします。定価はカバーに表示してあります。

© Jun Fukue, 2018

本書のコピー、スキャン、デジタル化等の無断複製は著作権法上での例外を除き禁じられています。本書を代行業者等の第三者に依頼してスキャンやデジタル化することはたとえ個人や家庭内の利用でも著作権法違反です。

|JCOPY|〈(社)出版者著作権管理機構　委託出版物〉

複写される場合は、その都度事前に(社)出版者著作権管理機構（電話 03-3513-6969、FAX 03-3513-6979、e-mail: info@jcopy.or.jp）の許諾を得てください。

Printed in Japan

ISBN 978-4-06-513054-4

講談社の自然科学書

絵でわかる 日本列島の誕生
堤 之恭・著
A5・187頁・本体2,200円

大陸からはがれてできた? 本州は折れ曲がった? 地震と火山が多い理由は? 将来ハワイとぶつかる? 日本列島の誕生と進化のダイナミックな歴史を、豊富なカラーイラストで解説。地質学や地球年代学への入門にも最適。

絵でわかる 地図と測量
中川雅史・著
A5・191頁・本体2,200円

ふだん何気なく使っている地図に隠された驚異の技術! 原理・原則から最新技術まで、地図の材料集めと編集を豊富なカラー図版とイラストで解説。測量学や空間情報工学の入門に最適。数式に抵抗がある人でも読みやすい。

絵でわかる 古生物学
棚部一成・監／北村雄一・著
A5・191頁・本体2,000円

わずかな痕跡から、あらゆる推論・検証を駆使して、古生物の生態を解き明かしていく。古生物学とはどのような学問か、そのスリリングな思考過程を交えて紹介しつつ、明らかになった太古の世界を描き出す。

地球化学
松尾禎士・監修
A5・276頁・本体3,800円

物質レベルの地球科学の解説を試みた。第I部は物質循環の視点から地球化学を体系化してその全体像の理解を求め、第II部はそこで用いられる理論の基礎知識を解説。"地球"に関心のある学生に最適の入門書。

地球環境学入門 第2版
山﨑友紀・著
B5・187頁・本体2,800円

フルカラーになって図表が見やすくなった改訂版! 教養として学んでほしい環境問題の基礎をまとめた。前半章では高校科学をおさらいしながら、地球環境を理解できる。後半章ではそれぞれの環境問題の論点をつかめる。

完全独習 現代の宇宙論
福江 純・著
A5・326頁・本体3,800円

高校レベルの予備知識から出発し、読者が独力で現代宇宙論のエッセンスを理解できる独習書。無からの宇宙誕生から、元素の合成、天体の形成、そして宇宙の未来まで、宇宙の進化の歴史に沿ってわかりやすく解説。

完全独習 現代の宇宙物理学
福江 純・著
A5・367頁・本体4,200円

太陽系から恒星、ブラックホール、銀河、そして全宇宙まで、宇宙の天体と現象は物理学で解明される。宇宙の本当の姿を理解する理論を、高校レベルの予備知識だけをもとに、数式を辿りながら噛みくだいて解説する独習書。

宇宙地球科学
佐藤文衛／綱川秀夫・著
A5・351頁・本体3,800円

地球、太陽系、銀河、そして全宇宙――この広大な世界と多様性豊かな天体は、いかにして誕生し、進化してきたのか? 新しい観測と理論との結びつきを重視し、さまざまな時空間スケールの自然像を解説する。天文学、惑星科学、地球科学を学ぶ万人に満を持して推奨する決定版テキスト。

※表示価格は本体価格(税別)です。消費税が別に加算されます。

「2018年9月現在」

講談社サイエンティフィク http://www.kspub.co.jp/

講談社の自然科学書

絵でわかるプレートテクトニクス
──地球進化の謎に挑む
是永 淳・著
A5・190頁・本体2,200円

地球をまるごと理解する! 地球の内部構造は? プレートテクトニクスって何? 地球の変化の原動力は? なぜ「水と生命の惑星」になれた? そして、地球の未来は? 地球科学の最重要テーマをカラーイラストで解説。

絵でわかる
地震の科学
井出 哲・著
A5・191頁・本体2,200円

日本人ならだれもが経験しているが、ほとんど理解されていない地震。どこで起こる? 発生メカニズムは? 予知はなぜ難しい? 地震の科学の最新成果をカラー図版で解説する。変動し続ける地球のしくみに迫る!

海洋地球化学
蒲生俊敬・編著
A5・270頁・本体4,600円

進化しつづける「水の惑星」の過去・現在・未来が見えてくる。微量な元素や同位体の分布・挙動から、地球というシステムにおける海洋の役割を読み解く初学者から専門家まで、海洋研究に挑むすべての人の必読書。

絵でわかる
地球温暖化
渡部雅浩・著
A5・191頁・本体2,200円

地球は本当に温暖化しているのか? 何が温暖化をもたらすのか? 温暖化は何をもたらすのか? 現代科学が明らかにした温暖化のメカニズムを、豊富なカラー図版とともに平易に解説。人間活動が起こす気候変化の科学的なしくみがよくわかる!

明解量子重力理論入門
吉田伸夫・著
A5・213頁・本体3,000円

なぜ重力の量子化が困難なのか? 量子重力理論は何を解決しようとしているのか? ループ量子重力理論とは、超ひも理論とは、どのような理論なのか? 学部学生程度の物理学から出発し、量子重力理論という最先端へ読者をいざなう。専門書を読む前のはじめの一歩に最適。

明解量子宇宙論入門
吉田伸夫・著
A5・267頁・本体3,800円

基礎から最先端がわかる! 宇宙の始まりのビッグバンは、どのようにして起きたのか? 遠い未来、宇宙は終わりを迎えるのか? われわれの宇宙ではない「並行宇宙」は実在するのか? 最新理論が描きだす壮大な宇宙像を、最低限の予備知識で理解する一冊。

超ひも理論をパパに習ってみた
天才物理学者・浪速阪教授の70分講義
橋本幸士・著
四六・159頁・本体1,500円

平凡な女子高生・美咲のパパは、なんと超ひも理論が専門の天才物理学者(そして関西人)。嬉々として最先端の素粒子物理学を語りだすパパに、美咲は初めはヘキエキするが…!? 遊びごころと物理ごころがあふれ出す名講義、ここに開講!

「宇宙のすべてを支配する数式」をパパに習ってみた
天才物理学者・浪速阪教授の70分講義
橋本幸士・著
四六・174頁・本体1,500円

パパが書いた一本の数式が、宇宙のすべてを支配してる!? 身近な現象から「ヒッグス粒子」「重力波」「暗黒物質」までの最先端理論を、天才物理学者(そして関西人)であるパパが娘たちに70分かけてガチ語り! 物理はやっぱりオモロいわ!

※表示価格は本体価格(税別)です。消費税が別に加算されます。 「2018年9月現在」

講談社サイエンティフィク http://www.kspub.co.jp/

講談社の自然科学書

イラストで学ぶ
人工知能概論
谷口 忠大・著
A5・253頁　本体2,600円

ホイールダック2号の冒険物語を通して、人工知能全般が学べる異色の教科書。まずは、この1冊からはじめよう!ストーリー仕立てだから、いとも簡単に理解できる!

イラストで学ぶ
ロボット工学
木野 仁・著　谷口 忠大・監
A5・223頁　本体2,600円

あれから3年、ホイールダック2号が帰ってきた!大好評書『イラストで学ぶ人工知能概論』の第2弾。ホイールダック2号＠ホームの開発ストーリー仕立てだから、ロボット工学の基本がいとも簡単に理解できる!

はじめての
ロボット創造設計
改訂第2版
米田 完/坪内 孝司/大隅 久・著
B5・280頁　本体3,200円

「日本機械学会教育賞」「文部科学大臣表彰」に輝いたロボット製作の最高最強のバイブルが、パワーアップ!
・理解度がチェックできるように、演習問題を合計36問付加
・「研究室のロボットたち」を一新し、巻頭カラーで掲載
・「受動歩行ロボット」「測域センサ」「パラレルリンクロボット」など時代に即した項目を新たに解説。

ここが知りたい
ロボット創造設計
米田 完/大隅 久/坪内 孝司・著
B5・222頁・本体3,500円

ロボットづくりの秘伝を一挙に紹介する1冊!
姉妹編『はじめてのロボット創造設計　改訂第2版』とあわせてロボット工学を学び・実践するための書。

はじめての
メカトロニクス実践設計
米田 完/中嶋 秀朗/並木 明夫・著
B5・239頁　本体2,800円

即戦力となる真の設計力を身につけよう!
390個の図表とともに数多くの奥義を伝授する、またとない入門書。メカトロニクスの世界にデビューする社会人1年生必携。

はじめての制御工学
佐藤 和也/平元 和彦/平田 研二・著
A5・253頁　本体2,600円

まずは、この1冊からはじめよう!大学、高専向けの「いま」の教科書。微分方程式と古典制御理論のつながりから丁寧に解説。数学的なフォローが充実・満載の教科書です。わかりにくいと言われる「伝達関数」の意味がこれならわかる。

はじめての現代制御理論
佐藤 和也/下本 陽一/熊澤 典良・著
A5・239頁　本体2,600円

大好評『はじめての制御工学』に続く第2弾。直感的に理解できるように、できる限り図を入れ丁寧に解説した、初学者に最適な教科書。状態方程式になじめない、行列の計算がよくわからないという学生の悲鳴に応えます!

絵でわかる
宇宙開発の技術
藤井 孝藏/並木 道義・著
A5・191頁　本体2,200円

宇宙に抱いた夢をいかに現実にしてきたか、していくのか。各技術の何がすごいのか。基礎研究から身近な応用まで、まるごとわかる。ロケットと飛行機は何が違うのか? JAXAと企業は何をどう分担しているのか? 案外身近にある技術とは? 壮大で繊細、遠くて身近な宇宙開発の技術を幅広く紹介する。一晩で「ここがすごい」を人に語れるようになる。

※表示価格は本体価格(税別)です。消費税が別に加算されます。　　　　　　　　「2018年9月現在」

講談社サイエンティフィク　　http://www.kspub.co.jp/

講談社の自然科学書

講談社 基礎物理学シリーズ

21世紀の新教科書シリーズ創刊！ **講談社創業100周年記念出版**

全12巻

◎「高校復習レベルからの出発」と「物理の本質的な理解」を両立
◎ 独習も可能な「やさしい例題展開」方式
◎ 第一線級のフレッシュな執筆陣！経験と信頼の編集陣！
◎ 講義に便利な「1章＝1講義(90分)」スタイル！

A5・各巻：199〜290頁
本体価格：2,500〜2,800円（税別）

ノーベル物理学賞 益川敏英先生 推薦！

[シリーズ編集委員]
二宮 正夫 京都大学基礎物理学研究所名誉教授 元日本物理学会会長
北原 和夫 国際基督教大学教授 元日本物理学会会長
並木 雅俊 高千穂大学教授 日本物理学会理事
杉山 忠男 河合塾物理科講師

0. 大学生のための物理入門
並木 雅俊・著
215頁・本体2,500円（税別）

1. 力　学
副島 雄児／杉山 忠男・著
232頁・本体2,500円（税別）

2. 振動・波動
長谷川 修司・著
253頁・本体2,600円（税別）

3. 熱 力 学
菊川 芳夫・著
206頁・本体2,500円（税別）

4. 電磁気学
横山 順一・著
290頁・本体2,800円（税別）

5. 解析力学
伊藤 克司・著
199頁・本体2,500円（税別）

6. 量子力学I
原田 勲／杉山 忠男・著
223頁・本体2,500円（税別）

7. 量子力学II
二宮 正夫／杉野 文彦／杉山 忠男・著
222頁・本体2,800円（税別）

8. 統計力学
北原 和夫／杉山 忠男・著
243頁・本体2,800円（税別）

9. 相対性理論
杉山 直・著
215頁・本体2,700円（税別）

10. 物理のための数学入門
二宮 正夫／並木 雅俊／杉山 忠男・著
266頁・本体2,800円（税別）

11. 現代物理学の世界
トップ研究者からのメッセージ
二宮 正夫・編　202頁・本体2,500円（税別）

※表示価格は本体価格（税別）です。消費税が別に加算されます。　「2018年9月現在」

講談社サイエンティフィク　http://www.kspub.co.jp/